修养是一种优质投资

[美] 奥里森·斯威特·马登（Orison Swett Marden） 著

谢 军 谭艾菲 译

中国出版集团

研究出版社

图书在版编目(CIP)数据

修养是一种优质投资／（美）马登著；谢军，谭艾菲译.
—北京：研究出版社，2016.4（2020.7重印）
ISBN 978-7-80168-941-2

Ⅰ．①修…

Ⅱ．①马… ②谢… ③谭…

Ⅲ．①个人-修养-通俗读物

Ⅳ．①B825-49

中国版本图书馆 CIP 数据核字 (2016) 第 057869 号

责任编辑：陈侠仁

作　　者：（美）奥里森·斯威特·马登　著
译　　者：谢　军　谭艾菲
出版发行：研究出版社
　　　　　地址：北京市朝阳区安华里504号A座
　　　　　电话：010-64217619　010-64217612（发行中心）
经　　销：新华书店
印　　刷：保定市铭泰达印刷有限公司
版　　次：2016年4月第1版　　2020年7月第2次印刷
规　　格：710毫米×1000毫米　　1/16
印　　张：16.5印张
书　　号：ISBN 978-7-80168-941-2
定　　价：35.00元

CONTENTS · 目录

第一章　**如果你极擅口才**　　　　　　　　　　_ 001

　　一个善于交谈的人，拥有着能够吸引大量听众的语言能力，只要开口说话便会吸引其他人，同那些见多识广却无法轻松自如地表达自己的思想的人相比拥有更大的优势。

第二章　**将美丽融入生活之中**　　　　　　　　_ 019

　　一个人对审美品位方面的培养进行投资是再好不过的了，因为这样的投资会给人的一生带来彩虹般的色彩和持续的欢乐。它不仅仅能够极大地提升一个人争取幸福的能力，而且也会提升这个人争取幸福的效率。

第三章　**享受他人所拥有的**　　　　　　　　　_ 039

　　人必须要心胸宽阔，能够接受所有值得接受的财富和美丽。学着让自己被别人接受，吸收每一样优秀的、真诚的并且美丽的能够丰富人的性格、拓展人的生活的东西，这些是极其重要的事情。

第四章　**个性是成功的资本**　　　_ 045

一个人能够对自己做的最好的投资就是养成高雅的举止、诚恳的态度、宽宏的气度，这是一种使人快乐的艺术。因为所有的大门都向快乐愉悦的性格敞开着，所以它产生的力量要远远大于金钱财富。

第五章　**如何获得社会交往上的成功**　　　_ 061

将人们吸引到自己身边最好的方式就是让他们感觉到你对他们感兴趣。你绝不能为了达到这样的效果而刻意为之。你一定要真正地对他们感兴趣，否则他们会察觉到那是一种欺骗。

第六章　**机智创造的奇迹**　　　_ 077

机智是一种极其细微的能力，这种能力很难培养，但是对于一个希望能尽快并且顺利地融入这个世界的人来说绝对是一种必不可少的能力。在某些天才都无法驾驭的领域内，机智老练仍然可以很容易地控制人们。

第七章　**"我有一个朋友"**　　　_ 091

拥有大量忠诚可靠、真实的朋友是一件美丽的事情。朋友的信任是永恒的动力，当我们感觉到在其他人误解、斥责我们的时候，有那么多的朋友真正地相信我们，朋友的信任会激励我们拼尽全力！

第八章　**雄心壮志**　　　_ 109

明确的目标对于生活有着非常强大的影响，它使我们的努力和付出统一于我们的事业。不要让你的雄心壮志冷却下来。你要下定决心不能而且也不会虚度光阴。唤醒自己的灵魂，然后奔向那个有价值的目标。

第九章　读书教育　　　　　　　　　　　　　　　　　_ 127

我们的思想就是集中于那种值得重视的并且能够产生勇气和毅力的阅读。优秀书籍的爱好者永远都不会非常孤单，不管他们身居何处，当他们离开了工作之后他们总是能够找到愉快的职业。

第十章　阅读中的差别　　　　　　　　　　　　　　　_ 145

让自己养成每天都阅读十分钟优秀书籍的习惯。倘若你所阅读的是有益于身心的读物，每天的这十分钟将会在未来二十年的时间里形成有教养与无教养之间的差异。

第十一章　读书，雄心的策动力　　　　　　　　　　　_ 171

有些书籍已经激发了人们的理想并且很大程度上影响了整个国家。阅读之中所蕴含的最伟大的意义就是进行自我发现。有鼓舞力的、影响性格形成的、影响人生成长的书籍对于进行自我发现这个目标都是有帮助的。

第十二章　自我提升的习惯，一笔重要的财富　　　　　_ 189

正确地将空闲时间用在阅读和学习上是一种优秀品质的象征。自我提高必须包含一种基本的想法：对于改善充满了渴望。一个人拥有了进行自我完善和进步的安排部署，那么他就会寻找到发迹上进的机遇。

第十三章　价值的提升　　　　　　　　　　　　　　　_ 201

能够将自己的"生命之棍"提升到怎样的高度完全依赖于自己。能否青云直上在很大程度上取决于自己的理想，取决于成就一番事业的决心，取决于你对于即将遭受打击以及为了获得适宜的韧度而从烈火中投入冰冷刺骨的凉水中的忍耐。

第十四章　**通过公开讲演进行自我提升**　_ 209

　　自我表达往往会召唤出人们内心中蕴藏的，比如足智多谋和丰富的创造力。没有其他任何一种自我表达的方式比在听众面前进行演讲时，更能够如此完整、如此有效地使人成长、如此迅速地释放出人们全部的力量。

第十五章　**仪容整洁很重要**　_ 225

　　服装并不能造就人，却能够对人的生活产生比我们想象中大得多的影响。合适得体的衣服会使人举止自然。穿着体面将会使人的行动变得优雅、自在，而着装不当通常会使人产生束缚感。

第十六章　**自力更生**　_ 237

　　人身上最可贵的莫过于他的独立性、自力更生、创造力。自力更生与其他任何一种人类品质相比，它能够征服更多的障碍，克服更多的困难，完成更多的进取和冒险，改进更多的发明创造。

第十七章　**精神上的朋友和敌人**　_ 249

　　我们必须守卫在自己思想的大门口，将所有幸福和成功的仇敌拒之门外。爱心、宽容、善心、亲切、对于他人的友善，这些都会唤起存在于我们内心最高贵的情感。它们可以鼓舞人心、提升士气，它们造就了健康、和谐和力量，它们会使我们置身于无限的和谐之中。

第一章

如果你极擅口才

一个善于交谈的人，拥有着能够吸引大量听众的语言能力，只要开口说话便会吸引其他人，同那些见多识广却无法轻松自如地表达自己的思想的人相比拥有更大的优势。

健谈之人不仅要有独到的想法，而且要博览群书，思想远达，懂得倾听，因而总是言之有物。

——沃尔特·司各特[①]

在查尔斯·威廉·艾略特担任哈佛大学校长的时候，他曾说过，"我认为精神上的收获是绅士淑女们所接受的教育中最必不可少的一部分，换句话说就是准确而优雅地使用自己的母语"。

除却良好的交流能力，再没有什么其他的东西可以使我们给别人留下好印象，尤其是那些并不完全了解我们的人。

为了成为一名优秀的健谈者，为了拥有能够激发人们兴趣的能力，就要用你那高超的谈话技巧，牢牢锁定住他人的注意力，自然而然地将他们吸引到你的身边来，并且你的这种技巧必须凌驾于他人之

---

① 沃尔特·司各特爵士，第一代准男爵（Sir Walter Scott, 1st Baronet，1771—1832），18世纪末苏格兰著名历史小说家及诗人。代表作：诗歌有《最后一个吟游诗人之歌》《玛米恩》《湖边夫人》《特里亚明的婚礼》《岛屿的领主》《无畏的哈罗尔德》；历史小说《威佛利》《撒克逊英雄传》《昆丁·达威尔特》及《十字军英雄记》等。

上。它不仅仅能够帮助你给陌生人留下美好的印象，同样也能够帮助你获得友谊并且维系下去。它有助于人们敞开心扉、倾心沟通。它会使你在任何场合下都显得风趣幽默。它能助你一臂之力。它能够给你带来客户、患者和顾客。它可以帮助你进入上流社会，即使你非常贫穷。

一个善于交谈的人，拥有着能够吸引大量听众的语言能力，只要开口说话便会吸引其他人，同那些见多识广却无法轻松自如地表达自己思想的人相比拥有更大的优势。

无论你在其他技艺上有多么专业，你都不可能随时随地使用这些技术专长，除非你拥有善于沟通交流的能力。如果你是一名音乐家，不管你是多么有天赋，或者不管你已经花费了多少岁月用来完善你的艺术专长，或者不管这项事业让你投入了多少金钱，相比之下，只有很少的人能够聆听到或者欣赏到你的音乐。

你可能是一名优秀的歌唱家，如果不善言辞，就算周游世界也不会有什么展示自己艺术成就的机会，或者其他人想不到你会拥有这种艺术专长。但是无论你走到哪里，无论你在什么团体之中，不管你在现实生活中的地位如何，你都可以与人交谈。

或许你是一名画家，可能已经跟绘画大师共事多年，可是，即使你才华横溢，有实力将自己的画作悬挂在艺术沙龙或者著名的画廊之中，相对来说也只会有很少的人能够欣赏到你的画作。但是如果在沟通交流方面你也是一名艺术大师的话，任何一个同你有过接触的人都会看见你现场展示的画卷，这幅图画自从你开始讲话时起就一直在描绘着。每个和你交谈过的人都能知道你究竟是位艺术大师还是技艺拙劣之人。

事实上，你可能已经取得了很高的成就，却鲜为人知，你可能拥有一幢非常美丽的房子，一大笔财产，却只有很少的一部分人能了解；但是如果你是一个优秀的健谈者的话，每一个和你交谈过的人都会感受到你的谈话技巧和魅力。

某位著名的社交界领袖，非常善于引入新人，总是会给跟随自己的新人这样的忠告，"去说吧，一定要说话，你说什么并不重要，重要的是可以轻松自如而又愉悦地说下去。总是需要别人讨好逗乐的女人是最令人感到窘迫、厌烦和无聊的"。

在这条忠告里面有一条非常有用的暗示。学习沟通交流的方法无疑就是去交谈。对于那些不习惯于社交活动、时常缺乏自信的人，对他们有诱惑力的事便是他们自己什么都不说，而只是听别人说。

在社交场合里健谈的人总是会受到人们的追捧。每个人都想邀请某某女士赴宴或者参加招待会，正是因为她十分健谈。她能给其他人带来欢乐。她可能有许多缺点和不足，但是人们就是喜欢和她来往，因为她能够说出很漂亮的话。

交谈，如果被看作是一位教育家的话，那他便会是激发人巨大潜能的开拓者，但是如果不假思索地满嘴胡说，不努力地去清晰、简明扼要，或是有效率地表达自己的观点，仅仅是闲聊或者唠家常的话，就永远无法激发人的潜能并抓住人的本质。同这种肤浅的谈话相比，本质的东西藏得太深太深。

成千上万的年轻人羡慕他们的同伴平步青云，因为他们前进的步伐要比自己浪费那些宝贵的夜晚和半日休假的速度还要快，这些年轻人没有什么可说的，除了一些琐碎毫无意义、空洞浅薄而又漫无目的的东西，这种东西并不会提升到幽默的层次上，但是愚蠢、无聊的谈话只会使人的志向抱负萎靡不振，降低人的理想和已有的各种人生标准，因为它会使人养成了肤浅而又毫无意义的思考的习惯。无论是在大街上、公共汽车上，还是在公共场合里，我们总会听到一些喧哗、粗陋的声音并且漫不经心地说着轻率而无理的语言或粗俗的俚语。

"你是在胡说八道"、"我可不知道"、"你说的没错"、"好吧，这算是到头了"、"我真讨厌他，烦人透了"，以及其他一些我们经常能听到的粗俗言语。

没有什么其他的事物可以像交流谈话这么迅速地表明你在文化上的高雅与粗俗，表明你是否接受过文化的熏陶，是否缺少文化教养。与人交流会让你知道生活中的方方面面。你所说的以及你说话的方式都会泄露你的秘密，都会展示出你真实的自我。

没有什么其他的才能造诣可以让你如此经常而又高效地使用，也不会有什么其他的才能造诣会像良好的沟通技巧这样能给你的朋友们带来莫大的开心快乐。毋庸置疑的是，语言本身就是一种比我们想象的要伟大得多的技艺，但大多数人真正使用的只是其中小小的一部分。

我们大多数人在沟通交流上往往缺乏经验，因为我们不把它当成艺术来对待，我们不愿努力学习如何把话说得更好。我们读的书不多，思考的问题也不够。我们大部分人在表达自己的观点时往往十分随便、漫不经心，因为我们觉得如果每次开口之前都仔细思考如何使用优雅、轻松自然、有力的言语来表情达意，那就太麻烦了。

不擅言谈的人在为自己没有主动提高说话水平找借口的时候总是说"健谈的人都是天生的，而不是后天锻炼出来的"。如果属实的话，我们也可以说优秀的律师、杰出的医生，或者成功的商人都是天生的，而不是后天培养出来的。其实，要是他们没有经过刻苦的奋斗努力，是无法达到今时今日的巨大成就的。这就是取得所有的辉煌成就所要付出的代价。

许多人都将自己的进步很大程度上归因于他本人善于沟通的才能。在与人沟通之时，能够引起别人极大的兴趣，紧紧抓住他们的注意力的能力是一种非常巨大的力量。那些不善言辞、不善表达的人，虽然学富五车，却从未能使用富有逻辑性、富含趣味或者权威性的语言来表达观点，他们总是处于巨大的劣势之中。

我认识一位商人，他的谈话技巧已经炉火纯青、登峰造极，即使听他说话都会是一场盛宴。他的语言如流水般柔和、清晰透明，他的话语都是经过细致审慎地选择，不断鉴赏、不断精挑细选而得来的，他的措辞如此的高尚和优雅，以至于每一个听他讲话的人都能够感受到其魅力所在。他一生都在阅读那些最优美的散文和诗歌，而且将沟通交谈作为一种优雅的艺术来培养。

可能你会认为自己贫穷潦倒，在生活中也没有什么好的机遇。身边的人也可能总要依靠你，而且你可能没有机会走进学校，进入大学校园，或者如愿以偿地学习音乐或者艺术；可能你会被一直约束在一个一成不变的环境中；你可能饱受折磨，因为你的雄心壮志从未实现，总是失望落空；然而如果在自己所说的每一句话中你都尽可能地使用最恰当的表达方式，你仍然可能会成为一名可以吸引人的健谈者。每一本你读过的图书，每一个你与之交谈过的人能够恰当地运用语言的人都可能会帮助到你。

对于如何能够表达自己的观点，很少有人会进行深入的思考。人们总是使用自己最先想到的词语。人们并不会费尽心思地去组织起一个词语优美、文字简洁、表意明确并且非常有力的句子。从这些人嘴唇里慌慌张张地流露出来的话语通常是没有经过精心编排或是认真排序的。

我们时不时会遇见交际沟通方面的真正艺术家，和他们说话的时候，你会感到极其轻松、愉悦，简直就像是在享受一次盛情的款待，他们的语言如此出色，令旁人汗颜，以至于我们常常思考为什么我们大多数人在交流沟通方面会显得那样笨拙，因而当我们领悟到沟通交流是一种艺术中的精品的时候，我们应该努力提升自己的语言水平，认真修补完善这个人类用来交流思想的工具。

在日常生活中我曾遇到过十几个这样的人，他们让我领略到语言可以达到的高度是其他任何一种艺术形式所无法企及的。

我曾经拜访过温德尔·菲利普斯① 在波士顿的家，他的声音如天籁般优美，他的措辞如溪水般纯净、透明，他渊博深刻的学识、充满魅力的人格以及艺术的表达形式，这些都令我无法忘怀。他在沙发上紧挨着我坐着，就像是和一位老校友一样亲切交谈，在我看来，我似乎从未听过这样高雅优美的英语。我曾经见到过几位英国人，他们也拥有着 "可以吸引与之交谈的人进行灵魂交流" 的神奇力量。

---

① 温德尔·菲利普斯（Wendell Philips, 1814—1884），美国废奴主义者、演讲家和律师。

玛丽·利弗莫尔女士，朱莉娅·沃德·豪女士，还有伊丽莎白·斯图尔特·费尔普斯·沃德都拥有着和哈佛大学前任校长艾略特一样的不可思议的谈话魅力。

交谈的质量才是最关键的。我们都见过一些能够使用最精美的语言并且以流畅的语速、流利的措辞来表达自己的观点的人，那些是用自己沟通交际的流畅给我们留下深刻印象的人，但是仅此而已。他们不能用自己的思想给我们留下深刻的印象，他们不能激励我们去采取行动。在与之交谈过后，我们并不会产生那种想要建功立业、出人头地的坚定信念。

我们也认识其他一些言语不多的人，但是这些人的言语却很有深度和内涵，可以激发我们去思考，因而会让我们感觉到自己因这些灌输到我们思想中的话语而强大了很多倍。

昔日，沟通交流的技巧要比现在高得多。交际技巧方面的退化归因于现代文明环境方面的彻底变革。从前，人们除了语言就没有什么其他的与别人进行思想交流的方式了。在当时，各种各样的知识几乎都是通过人们口口相传的。过去既没有什么重要的日报，也没有任何形式的杂志或期刊。

在人们发现了大量的稀有金属之后，各种发明创新和探索发现打开了通往新世界的大门，正是雄心壮志推动着人类改变了这一切。在当今这种瞬息万变、发愤图强的时代里，每个人都疯狂地获取财富和地位，我们不再有时间去仔细地思考，不再有时间培养自己在沟通交流方面的能力。在当今这种重要报纸和杂志大行其道的时代，每个人只要花费几美分就可以收集到在以往要花费上千美元才能收集到的新闻或是信息，于是每个人都会坐在晨报的后面或是埋身于书籍或者杂志之中。从此就不会再有和以前一样的用言语进行思想交流的需要了。

演讲技巧因此正成为一种逐渐消失的艺术。印刷成本现在变得越来越低，这样一来，即使是最贫穷的家庭，只要花费几美元就能得到连中世纪的国王或是贵族们都买不起的读物。

现如今，要想找到一位优雅的健谈者着实是件稀罕事。要想听到某个人说一口雅致的英语，并且可以使用极其精美的辞藻同样非常罕见，如果真能遇上这样的人的话着实是种奢侈的享受。

然而，阅读好书将不仅仅可以拓宽视野、增长见识，同样可以扩大你的词汇量，这对于交谈沟通来说是种非常重要的补充。许多人都有着非常优秀的思想和想法，但是苦于词汇的匮乏而无法很好地表达出自己的观点。他们没有足够多的词语来表达自己的想法，更没法使其更具吸引力。他们翻来覆去说的总是那几句话，重复重复再重复，因为当他们想使用某个特殊的词汇来精确表达自己的意思的时候，却找不到这样的词语。

如果你有志将演讲沟通技能提高的话，那么你一定要尽可能多地接触上流社会中那些受过良好的文化教育的人。如果你总是离群索居的话，即使你大学毕业，你也终究不过是一个不善言谈的人。

我们都会对他人表现出同情心，尤其是那些胆小懦弱、缺乏自信心而且还畏首畏脚的人，当他们努力去说些什么却又无法开口的时候，他们就会有着可怕的思想上的压抑和沉闷的感觉。那些胆小懦弱的年轻人经常以这种方式尝试着去在中学或者大学校园里激昂地演讲，往往遭受到的却是痛苦。但是有许多伟大的演讲家在他们首次尝试在公共场合里进行演讲时也有着同样的经历，而且经常会因疏忽或者失败而出丑。因此，要想成为一名演讲家或是一个健谈的人只有不断地去尝试有效而高雅地表达自己，除此之外别无他法。

如果你发现在尝试着去表达自己的思想的时候，你的那些思想却不翼而飞，而你只能结结巴巴地说或者只能够为了那些搜索不出的词语勉强应付几句话，但是即使在你的尝试中会不断地出现失败，仍然可以肯定的是每一次真正的努力都会使你下一次进行演讲时变得更加流利顺畅。如果一个人坚持不懈地尝试下去，他就会很快地克服自己的笨拙、抑制自我意识，并且最终能够举止轻松、表达灵活，这是非常值得注意的。

我们到处可以看到那些处于相对不利的地位的人们，因为他们从没有学习过如何将自己的思想转化成趣味十足、有说服力的语言的技巧。我们经常会在各类的公共集会上看到一些头脑非常聪明的男男女女，在讨论那些重要问题的时候，他们却只能静悄悄地坐着，尽管同那些不停地展现自己高超的演讲技巧、酣畅淋漓的语言表达的人相比，这些沉默之人掌握的信息绝对是那些出尽风头的人所无法比拟的。

能力超群、知识渊博的人在人群中往往沉默不语，像哑巴一样，而一些思想肤浅、头脑简单的人却往往能够吸引所有在场的人的注意力，仅仅是因为他们能够将自己的想法以一种风趣幽默的方式表达出来。在那些不知天高地厚的人面前，知识渊博的人经常会十分的窘迫、尴尬，因为他们不能将任何充满智慧的话题继续下去。在我们国家的首都有很多那样的沉默者，而他们中许多人的妻子突然间出乎意料地达到政治生涯的巅峰。

许多人似乎都认为生活的终极目标是尽可能多地将有价值的信息装进脑袋里，这一点在那些真正的学者身上尤为准确。但是同获得知识一样重要的是要知道如何用一种吸引人的方式传播知识。可能你是一位知识渊博的学者，可能你熟读历史和政治，可能你在科学技术、文学以及艺术等方面独树一帜，然而如果你的知识都被封闭起来，你也将会永远处于不利的位置。

封闭起来的能力或许会给一个人带来某种程度上的满足，但是在全世界的人欣赏这种能力或是肯定这种能力之前，一定要用某种吸引人的方式将它展示出来、表达出来。原始粗糙的钻石有多少价值好像并不重要，如果不对它内在的美妙之处进行任何的解释和描述，一切都是徒劳；在它露出地面，被打磨抛光，并且外部光线射入其深深的内部，揭示其深藏于外表之下的绚丽之前没有人能够欣赏到它的美丽。交谈沟通对于人就如同是钻石的打磨一样。打磨抛光并不会给钻石增添任何的美丽，它仅仅是将钻石的价值显现出来而已。

让孩子成长在不懂得谈话艺术之美的环境里会对孩子造成莫大的伤害，而父母们似乎还尚未认识到这一点！在多数的家庭里，父母都会允许孩子们使用一种最最令人感到厌烦的方式将英语这门语言弄得一团糟。

没有什么其他的锻炼方法会比不断努力地就任何话题进行优雅、充满智慧、引人入胜的沟通交流更加能够培养开发智力和性格了。在不断努力地使用简洁清晰的语言、风趣的方式表达自己的思想的过程中有一条非常光彩夺目的清规戒律。我们知道有些顶级的健谈者，他们所受的教育甚至都没有达到高中水平。相比之下，许多大学毕业生更习惯于默不作声，他们被那些从未曾进入过高中深造，却练就了良好的自由表达技巧的人们嘲笑。

中学和大学在相对有限的几年时间里每天都向学生提供那么几个小时的教育；交谈沟通则需要持之以恒地加以训练。许多人在这种训练之中接受了他们的教育经历中最优秀的那一部分。

沟通交谈是一位伟大的才能发掘者、潜能和资源的启示者。沟通交谈非常有利于激发人们思考。如果我们能够善于交谈，我们能够吸引别人并且保持住别人的注意力的话我们就能更多地考虑自己。这种吸引人的谈话能力将会增加我们的自尊心和自信心。

只有尽全力向别人表达出自己的思想之后，别人才会知道我们都掌握了什么样的知识。接着思想的隧道便敞开了，各种感官也都同时处于警觉的状态。每一位优秀的演讲者都会感受到来自聆听者的一种力量，而在此之前他们是从未感受到过的，正是这种力量赋予他们灵感，鞭策他们奋勇前进。不同思想间的交融，不同灵魂间的碰撞都会产生新的力量，就像是两种化学试剂混合到一起会产生第三种物质一样。

要想善于交谈和沟通，我们就必须得先成为优秀的倾听者。这就意味着每一个人都要有一种积极接受信息的态度。

我们不仅仅是糟糕的发言人，而且在倾听别人叙述这方面也存在着问题。我们在倾听别人的讲述时往往缺乏耐心。我们本应该更加关注、迫切地倾听别人的经历或是信息并且从中汲取精华，但是我们对于讲述人却没有给予足够的尊重，没有保持安静。我们总是不耐烦地四处张望，或砰地扣上怀表的盖子，或用手指在桌椅上划出一道道条纹，或者突然停下来好像我们要急不可耐地离开这里一样，或者在讲述人说出他们的结论之前就打断他们。事实上，我们整个民族都是非常缺乏耐性的，我们用自己全部的时间奋力前冲，从拥挤的人群中杀出一条血路去得到我们所期望的地位和金钱。我们的生活中充满了极端狂热的，并且不合乎自然规律的东西。我们没有时间来培养自己，使自己的举止行为充满魅力、语言措辞上充满优雅。"我们过于渴望警句或是敏捷的回答。我们缺少时间。"

急躁不安是在所有美国人身上都显而易见的性格特征。任何事情，如果不能给我们带来更多的生意或是金钱，或者不能帮助我们保持现有地位，都会使我们感到厌烦。我们不愿去享受友谊的乐趣，相反我们更倾向于将他们视作是梯子上的一级级台阶，更愿意按照他们为读者提供了多少我们的书籍，为我们提供了多少病人，介绍了多少客户或顾客，或者他们愿意使多大的力量帮助我们在政治生涯中更上一层，来评价他们的价值。

在这种急急忙忙、拥挤、躁动的时代之前，在这令人兴奋的岁月之前，能够在人群中聆听智者的演讲被视作是一种极大的奢侈。那时候的演讲比现代大多数的演讲要好，比任何可以在书中找到的知识要有价值；因为这种演讲能够体现出演讲者的人品和风格的魅力，我们会被充满着智慧的演讲者那令人着迷的卓越的性格深深吸引。对于饥饿的、渴望接受教育的灵魂来说，从那些贤明的人的嘴里吐出的知识甘泉是非常丰盛的精神飨宴。

但是如今所有东西都如蜻蜓点水一般。我们没有时间停在路边然后庄重得体地进行问候。就像是这样：一边问到"好吗？"或者"早上好"时一边点点头，而不是庄重地鞠躬。我们没有时间去做到优雅和迷人。任何事物都必须给物质和金钱让路。

我们没有时间去培养优雅的言谈举止；骑士时代的魅力和悠闲自在的那段日子几乎从我们的文明教化中消失了。一种新新人类已经出现了。在白天，我们都像特洛伊人那样勤劳工作，到了傍晚，我们就急急忙忙冲进影剧院或是其他的娱乐消遣场所。我们没有时间去像过去的人们那样去养成幽默搞笑的本领。在我们坐下来哈哈大笑的同时，却要支付大量的金钱让别人逗我们开心。我们就像是某些大学生一样，要依靠某些导师的辅导才能通过那些考试——他们希望花钱买到现成的教育。

生活正变得如此矫揉造作，被动，失去了自然和纯真，我们以如此令人恐惧的速度驾驶着人类引擎，将本应该更加美好的生活正一点点地排挤出去。在我们身上寻找到幽默的自发流露、优秀的文化以及极其优秀的个人魅力已经是件不可能的事情，或者说可能性已经微乎其微了。

我们在沟通交谈方面能力下降的一个原因是缺乏同情心。我们过于自私，过于忙碌我们自己的事业，总是把自己局限在那一亩三分地之中，总是专心于自己的提升晋级。没有哪个缺乏同情心的人可以成为优秀的健谈者。为了成为一个优秀的健谈者或是倾听者，你必须要有能力融入其他人的生活，可以与其他人全心全力地体验生活。

沃尔特·贝赞特讲过一个非常有才气的女性的故事，作为一个健谈的人，她曾经声名大振，尽管她的演讲并不多。她有着这样亲切诚恳而又充满同情心的谈话方式，她经常能帮助那些胆小羞怯的人鼓起勇气说出他们心中最美好的事物，并且让他们感觉像在家里一样。她驱散了那些人的恐惧，因此这些人可以把那些不能对其他任何人说的话讲给她听。因为她有着可以激发出别人潜能的能力，因此人们都认为她是一个风趣幽默的健谈之人。

如果你想要成为一个和蔼可亲的人，那么你一定要能走进那些和你倾心交谈的人的生活之中，而且你一定要沿着他们的兴趣之路走下去。不管你对于某一个话题了解多少，如果这个话题碰巧不能引起对方的兴趣的话，那么你的努力都会是徒劳。

在招待会或俱乐部聚会上，有时会看见一些人一言不发地站在一边，他们不会也无法开心地融入到会话交际之中，因为他们太被动了，这真是件可笑而又可气的事情。他们在思考、思考，他们在盘算着生意、生意、生意；思考怎样才能前进得更快一些——得到更多的生意，更多的客户，更多的患者，或是更多的读者，或者怎样才能住进更舒适的房子；怎样才能出尽风头。他们并没有真正满怀热心地融入其他人的生活之中，或者干脆放弃了成为优秀的健谈者的机会。他们态度冷漠，话语间有所保留，十分冷淡，因为他们将注意力都放在别的地方，他们只关注自己和自己的事业。在这世间只有两种东西可以吸引他们的注意，生意和他们自己那狭窄的小圈子。如果你和他们谈论这两件事情的话，他们马上就会十分感兴趣；但是他们对于你的事业，你的发展或者你的雄心抱负，抑或是怎样才能帮到你不会产生一丝点兴趣。处在这样急躁、自私并且毫无同情心的状态之下，我们的交流沟通是绝对不可能达到更高的水平的。

那些伟大的健谈者总是表现得非常得体——可以引起别人的兴趣却不会十分冒昧。如果你打算引起某些人的关注，你完全可以使用一种不会伤害他们的方法，也不必说出他们的家庭里那些不可外扬的丑事。有些人拥有能够激发出交谈者内心中最美好的感情的能力，而其他一些人却只能引发我们心中阴暗的情绪。每当这些人出现在我们面前时都会激怒我们。另外一些人总是在缓解着不友好的气氛。他们从没有触碰过我们敏感的话题，痛心的话题，相反却能激发出所有自然、甜蜜而且美丽的事物。

林肯在令自己成功地吸引每一个他遇见过的人的方面堪称是艺术大师。他会讲些自己的故事和笑话让别人感到舒服自在，并且使人们感觉到因他的出现完全有一种回家的感觉，接着每一个人都会对他毫无保留地打开精神财富的宝箱。陌生人总是愿意和他交谈，因为他是如此亲切热诚却又风趣幽默，并且总是付出多于回报。

当然，像林肯所拥有的幽默感是对一个人交谈沟通技能上的有力补充。但并不是每一个人都如此幽默，而且如果你缺少这种幽默细胞的话，在你试图练就这样的幽默感的同时也会产生哗众取宠的效果。

然而，优秀的健谈者并不总是那么严肃的。他不会过多地处理实际的东西，无论这件事有多重要。事实和统计数据往往会使人感到厌烦。谈话时的活泼朝气是必不可少的。过分沉重的谈话会使人感到厌烦。

因此，要想成为一名优秀的健谈者，你必须自然不做作，活泼开朗，有同情心，并且必须心怀善意。你必须有乐于助人的精神，并且要将真心和灵魂融入那些可以引人关注的话题之中。你必须要获得其他人的关注并且通过有趣的话题来保持他们的注意力，而且你只能通过温暖的同情心——真正友好的同情心来引起他们的兴趣，如果你态度冷漠，拒人于千里之外，毫无同情心，那么你是不可能吸引他人的兴趣的。

你一定要有开阔的心胸和包容的心态。狭隘、吝啬的人永远不会与人真心交谈。那些总是与你的品位、判断力和正义感相悖的人永远都提不起你的兴趣。你紧紧地封闭着所有能通向自己内心的道路，每一条大路都是封闭的。你的个人魅力和自己乐于助人的优点就此全部消融，并且所有的沟通交谈都会变得漫不经心、机械呆板、毫无生机。

你一定要让聆听者贴近自己的身边，必须打开自己的心扉，并且展现出宽广、自由的本质和开放的思想。你一定要能够产生共鸣，那样他们也会向你敞开心扉，自然而然地带你进入他们的内心。

如果一个人不管在哪里都能够获得成功，那么他的成功之处一定是在于他的个性，在于他拥有一种能够用有力、有效和有趣的语言表达自己思想的能力。他并不是非得向陌生人出示一份自己人生奋斗过程的清单才能证明自己所取得的成就。更重要的无形财富应该是从他的唇齿之间流淌出来的，并且在他的举手投足之间显露无遗。

如果你不能使用优美的语言来表达自己的观点，不管你拥有多少天赋，受到何等优质的教育，穿什么样的优美服饰，或者拥有多少金钱财富，都不会使你看起来更加出色。

第二章

将美丽融入生活之中

　　一个人对审美品位方面的培养进行投资是再好不过的了，因为这样的投资会给人的一生带来彩虹般的色彩和持续的欢乐。它不仅仅能够极大地提升一个人争取幸福的能力，而且也会提升这个人争取幸福的效率。

　　美丽是上帝的手迹。

　　在我们的身边，并不存在对于外观、形式、行为的美化，就像撒播快乐的希望那样。

——爱默生

　　野蛮人在侵占希腊之后，亵渎了希腊的神庙，毁坏了希腊大量的艺术作品，即使是他们的凶残野蛮也会被无处不在的美感或多或少地驯服。他们破坏了希腊美丽的雕塑，这是真的，但是美丽的灵魂拒绝凋谢，同时它也改造了野蛮人的心灵，甚至唤醒了那些野蛮人心中一种新的力量。从希腊艺术显而易见的凋亡开始，罗马艺术就诞生了。"为火神法尔坎锻造钢铁的独眼巨人基克洛普斯却不能忍受伯里克利为希腊人锻炼思想。"那些破坏了希腊雕塑的野蛮人的棍棒根本无法与菲狄亚斯[①]和普拉克西特列斯[②]这两位伟大的雕塑家的雕刻

---

　　① 菲狄亚斯（Phidias，公元前480—公元前430），古希腊雕塑家、画家和建筑师。

　　② 普拉克西特列斯（Praxiteles，约公元前4世纪），古希腊雕塑家。和留西波斯、斯科帕斯一起被誉为古希腊最杰出的三大雕刻家。

术同日而语。

在罗马人占领希腊并且将希腊的艺术财富搬回罗马之前,意大利半岛是没有任何艺术形式的。

著名的"马头"、"法尔奈斯的公牛"、"玉石雕像"、"垂死的角斗士"以及"全副武装的少年"实际是意大利所有的伟大艺术品的创作原型。这些艺术品借助那些精美绝伦的意大利大理石雕刻,首次唤起了意大利人民内心中沉睡的艺术才能。

"什么样的教育才是最优秀的教育?"几个世纪以前曾经有人这样问柏拉图。柏拉图回答道:"能够尽其所能地赋予肉体和灵魂所有的美丽和完美的教育就是最优秀的教育。"

人生将会变得很完整,人生将会变得很幸福并明智,同样会很完整、幸福而健康,坚强的人生必定会因为这世间的美丽而变得柔和、变得丰富。

人类是一种食性非常广泛的杂食性动物,并且人类的和谐发展需要大量不同种类的食物,既要有物质上的也要有精神上的。不管我们从人类的菜单中删除了哪一种食物,都会在人类的生活中造成相应的损失、遗漏或缺憾。从一张不完整的菜单上是不可能培养出一个健康完整的人的。你不可能一边供给一个人的身体养料,而一边将他的灵魂饿死,然后期待他成为均衡发展的、神志健全的、泰然的人;也不能在饿死他的身体同时供养他的灵魂,然后期待他成为一位身体上的巨人,同时也成为一位精神层面的巨人。

当儿童不能获得数量充足、种类适当的食物时,当他们被剥夺了任何一种对他们的大脑、神经或者肌肉的成长非常必需的元素,他们的成长过程中就会出现相应的缺失。因为缺乏适当均衡的饮食，他们的成长就会不平衡、不稳定而且不匀称。

比如说，一个小孩子没能从食物中获得足够的磷酸钙，他的骨骼自然就不会十分强壮、坚硬；他的骨架也就会十分脆弱，骨骼很柔软，这个孩子就非常容易患上佝偻病。如果他的日常饮食缺乏含氮的物质或者肌肉的组成物质，那么他的肌肉就会十分柔软松弛，他永远也不会拥有"能够甩开整个世界的摔跤式的肌肉"。如果缺乏大脑和神经的建造者磷元素的话，他的所有器官组织都将患病，大脑和神经将会不完整，缺少能量，发育不完全。

就像儿童正在茁壮成长，身体需要大量不同种类的食物来使他变得强壮、美丽、健康一样，人们同样需要各种精神食粮来滋养其头脑，使它变得强大、积极并且健康。

我们国家的极佳物质资源激发了所有国民对于金钱财富的渴望，这使得我们正处于过度追求物质的能力的危险之中，其代价是忽视了对更高级、更优秀的精神能力的发展。

对于我们来说，仅仅发展体力和智力是远远不够的。如果一个人在审美方面——对所有在本质上和艺术上美的事物的欣赏，没有得到培养，那么生命就会像是一个没有花草鸟虫，没有甜美的气味或声音，没有色彩或者音乐的国家。这样的国家可能会很强大，但是它缺少了可以装扮这个国家的实力，使它变得更吸引人的优雅别致，因而国家失去了拥有更大的吸引力的机会。

如果你想成为一个更广泛意义上的人，你就一定不会对于这样的事情感到满意：使你本性"森林"中的小小一点清晰可辨，而其他部分则黯淡无光。对于生意的追求，对于任何形式的物质利益的追求，仅仅会使人生中的一小部分，通常是自私和粗陋的那一部分得到发展。

对于那些缺乏审美能力的人来说，在他们的成长过程之中有一种缺失，他们在面对一幅壮美的画卷、面对迷人的日落或者瞥见自然之美时不会感到兴奋颤抖。

野蛮人不懂得欣赏美丽。他们对于装饰外表充满狂热，但是没有什么能够表明他们的审美能力得到了发展。他们仅仅是遵从于自己动物的本能和热情。

但是随着文明的进步，人类的雄心抱负逐渐地增长，人类的欲望也在成倍地增加， 人们有越来越高的能力来展现自身，直到我们发现最高形式的文明，对于美好事物的热爱和渴望得到了很高程度的发展。我们会发现在每个人身上，在每个家庭中，在各种场合中这都是显而易见的。

哈佛大学教授查尔斯·艾略特·诺顿，是他那个时代最优秀的思想家之一，他曾经说过，美在人类最高等级的发展中起到了巨大的作用。因此文明程度可以用建筑艺术、雕刻艺术以及绘画艺术来衡量。

对于美的热爱可以使人高尚优雅、温柔恬静，还可以使人的性格变得丰富多彩，这是其他任何事物都无法给予的。在缺少了对美的追求，只有显而易见地对金钱物欲追求的环境下成长起来的孩子是非常不幸的，他们从小接受的培养教育就是：生活中最重要的事情就是获得更多的金钱、更多的房子、更多的土地，而不是更多的人性、更多的高尚、更多的甜美幸福以及更多的美。

在人的头脑具有塑造性并且可以被铸造上任何一种或善或恶的烙印的时候，通过这种错误的教育培养将人生从上帝预定的轨道中歪曲过来，扭转了人生的精神中心并且将其设定为某一种物质目标，这一切简直是太残酷了。

孩子们应该尽可能地生活在世间的美丽之中，应该尽可能地生活在艺术和自然当中。任何一次可以将他们的注意力吸引到美的事物上来的机会都不应该被浪费。这样，他们的整个人生都可能会因这笔他们日后无法用金钱买到的财富而变得丰富多彩。

无论是从人生的早期开始就养成优良的品性，还是发展更加高尚的情感、更加纯洁的喜好抑或是更加复杂灵敏的感情，用各种不同方式表达的对于美的热爱，所有这些将会产生多么无可限量的满足！

一个人对审美品位方面的培养进行投资是再好不过的了，因为这样的投资会给人的一生带来彩虹般的色彩和持续的欢乐。它不仅仅能够极大地提升一个人争取幸福的能力，而且也会提升这个人争取幸福的效率。

提升、提纯美所带来的影响最明显的一个例子得到了位于芝加哥的某所学校的一位老师的验证，她在学校里为自己的学生装扮了一个"美丽角"。这个"美丽角"里装有彩色的玻璃窗，摆放着覆盖着亚洲风格毛毯的沙发床，还有一些优美的照片和绘画作品，其中有著名的《西斯廷圣母》画作。还有一些不出名的画作，非常艺术地排列在一起，完成了"美丽角"的家具布置。孩子们非常喜欢他们这个小小的休养所，尤其喜欢那透明的彩色玻璃窗。不知不觉间，他们的行为和举止就受到了那些日日与他们相伴的美丽事物的影响。他们变得更加的绅士、优雅、思想更加的丰富和周到细致。其中一个意大利小孩，在"美丽角"成立之前，他一直不受管束，积习难改，可是没过多久就发生了翻天覆地的变化，安稳了许多，就连他的老师也是十分的震惊。有一天老师问他，是什么让他最近变得这么优秀。小男孩指着墙上的《西斯廷圣母》画像说道："圣母的追随者怎能在圣母直视他的时候做坏事呢？"

人的品性通常是通过耳濡目染而养成的。鸟类、昆虫以及潺潺溪水发出的声音，大风吹过树林时的飕飕声，花花草草发出的清香，大地和天空，海洋和森林，崇山峻岭的那千千万万种色彩，所有的这些对于一个真实存在的人的发展来说，和他在学校里所接受的教育是同等重要的。如果你没有能够通过耳濡目染将美带入自己的生活之中，激发审美的能力，你的本性就会变得十分严厉无情、干瘪无趣、毫无吸引力。

在生活中没有什么其他的事物可以替代审美能力的培养。它是连接人类和美的造物主的纽带。当我们凝神沉思于宇宙的恢宏壮丽和完美时，我们的精神从未像此刻这样如此紧密地与上帝联系在一起。此时我们似乎看到了那无穷才智的创造过程。

那就试着将美丽融进自己的生活之中吧——每天融入一点点。你就会发现它是多么不可思议了。它会拓宽并点亮你的前途，而这是占有金钱或者获得名誉永远都无法给予的。将各种各样的原材料都放进你的精神菜单中，就像放入你的物质菜单中那样。

这可能会给你带来丰厚的回报。不管你有多么强壮结实，就算你能在一年之中的每一天都奋力工作，你的思想都仍然需要一些改变，即使你在身体上并不需要任何改变。如果你始终依靠相同的精神食粮供给营养，如果你一年三百六十五天，年复一年，始终都只有相同的经历体验，那么在你的生活中的某个地方必定会出现同样的大灾难。

审美能力的展现是在我们的成功与幸福之中，在使我们生活变得高贵荣耀时最重要的一种因素了。拉斯金对于美的热爱赋予了他的一生无法形容的魅力和高贵。这种热爱使他不断地向上看、向外看。在使拉斯金着迷的时候，它得到了净化增强。正是不断地追求自然界和艺术界中的美，不断地追求对于所有人类和自然方式的神圣解释当中的美丽，才赋予他伟大的人生事业以热情、积极性还有神圣的意义。

美丽有着神圣的特质，而且生活在充满美的世界就是生活在与上帝咫尺之隔的地方。"我们在世间各处看见的美越多；在自然界、在人类的生活中，在成人和孩子身上，在辛勤工作和休息之中，在外在世界和内心世界之中，我们所看见的上帝神明就越多。"

在新约中有很多事例可以表明基督耶稣也是美的强烈热爱者，尤其是对于自然界的美丽。"想想田地里的百合花；它们没有什么辛苦的工作，它们也不纺纱织线；身披上帝的光芒荣耀的圣人并没有像这些百合花那样被打扮装饰"，难道说这些话的不是上帝耶稣吗？

在百合花和玫瑰花的背后，在风景的背后，在所有可以使我们着迷心醉的美丽事物的背后，就是那个伟大的美以及重要的美丽法则的热爱者。

每一颗在夜空中闪耀的星星，每一朵鲜花，都示意我们寻找他们背后的美的源头，向我们指示着创造这世间所有美丽的伟大造物主。

对美的热爱在均衡、对称的生活中扮演着重要的角色。我们尚未认识到自己受到那些美好的人和事物的影响有多大。美在我们的生活中如此常见，这使得它们没能吸引到我们太多的有意识的注意，但是每一幅漂亮的画作，每一次美丽的日落和每一点风景，每一张漂亮的面孔，造型以及花朵——以任何形式存在的美丽，不管我们在哪里与它相遇，都会使人的性格变得高尚、优雅并且得到提升。

保持灵魂和思想对于美的敏感性非常重要。它是重要的清新剂、复原剂、起死回生之丹药、健康促进剂。我们的美国式生活往往会扼杀这种美好的感情，阻挠魅力、高雅还有美丽的发展。美国式的生活过分强调的是物质的价值，低估了那些美的事物的价值，它们在那些不过分注重金钱物质的国家里得到了更好的发展。

只要我们坚持将人类所有的精力和能量都放进创造金钱的密封箱里，然后让我们社交能力、审美能力以及所有美好、高贵的能力就那么潜伏着，甚至是消失殆尽，我们当然不能期望过上一种完美的、均衡匀称的生活，因为只有那些得到使用的才能技巧，得到训练的脑细胞才会成长起来；而其他的则会衰退萎缩。如果人类的这些优秀本能以及那些存在于更高等级的大脑中的高贵品质得不到充分发展的话，那些存在于低等级大脑中的接近兽性的低等本能就会发展得很充分，人类就一定会为此而付出代价，而且将会缺少对于所有生活中最为美好的事物的欣赏能力。

我们几乎将所有的努力都放在了那些有用的东西上，并且只允许那些美好的事物在我们的生活中扮演无足轻重的角色，以至于我们只花费了非常少的精力去解读上帝的每一个手迹，难道这不让人感到惋惜、羞耻吗？难道这还没有达到犯罪的地步吗？

"那些在头脑中保持的美景，在心目中崇拜的理想，你可以通过这些来构筑你的生活，而且你也会成为那样。"那是思想的本质，那是理想的本质，它不仅能创造世间万物，同时也成就了人类。

培养审美能力和心灵品质就如同培养我们所说的智力一样，都是至关重要的。这样的时刻即将来临：无论是在家中还是在学校接受教育，孩子们都会将美作为一份异常珍贵的礼物，这份礼物保持着纯洁、甜美亲切、洁净并且会被视作是一种神赐的用来教育人的工具。

没有哪种投资会产生下面的这些回报：培养更优秀的品性，培养对真实美好、非凡的事物的感知力，培养那些被追名逐利者排挤掉的、被扼杀的优秀品格。

有千千万万种证据表明，上帝要把我们造成美的殿堂、可爱的殿堂、美丽心灵的殿堂，而不仅仅是那些粗俗低陋的东西的储藏室。

没有什么其他的事物会像培养我们身上的那些最美好、最真诚、最美丽的品质那样产生如此丰厚的回报了，培养这些美好品质的目的就是为了使我们能随处看到美，并可以从万物中提取美。

凡是我们所到之处都会有千千万万种可以培养我们身上最佳品质的事物。每一次日落，每一幅风景画面，每一座高山峻岭，每一棵参天大树都有着美和魅力的奥秘在等着我们。在每一块草地或是麦田里，在每一片落叶或是花朵上，受过训练的双眼都会看见那种令天使都陶醉的美丽。受过文明教化的耳朵可以找到田野间的和谐音符，可以找到潺潺溪流中悦耳的旋律，还可以在造物主所有的歌声当中找到无法言表的欢乐。

不论我们从事何种职业，我们都应该下定这样的决心：我们不会为了金钱而去扼杀我们身上的美好高贵的品质，相反我们要利用每一个机会将美丽融入我们的生活当中。

根据你对美好事物的热爱程度，你就会获得相应的美的魅力并表现出相应的美丽风度。美的想法、美的理想，都会在面孔和举止上显露无遗。如果你热爱美，你就会成为某些方面的艺术家。你的职业可能就是把家里收拾得漂亮温馨，或者你也可能是从事贸易生意；但是不论你从事何种事业，只要你热爱美好的事物，它都会净化你的品位，提升并且丰富你的生活，然后使你成为真正的艺术家而不只是一个手艺人。

毫无疑问，将来美一定会在文明生活中起到比今天更加重要的作用。如今的世界已是一个到处充满了商业化的世界。困扰我们的问题是，在这片到处充满着机遇的土地上有着那么多诱人的物质奖励，使得我们已经忽略了那些更加高尚的人。一直以来我们都是沿着自身本性中兽性的一面去自我发展：贪婪、索取的一面。我们大多数人仍然生活在人类的底层。偶尔会有人升到生活的顶层，瞥见生活的美丽、生活的价值。

在这个世界上，没有什么东西会像美那样满足灵魂的渴望，而美是通过温和友善来体现的。

一位年长的旅行者讲到，有一次他在前往西部的旅途中坐在一个老太太身旁，这个老太太时不时地靠向敞开的窗户，抛撒一些从瓶子里倒出来的，在他看来似乎是粗盐的东西。当她把瓶子里的粗盐倒光之后，就会从手提包里再拿一些将瓶子装满。

一位听到老人讲述这个故事的朋友告诉他，自己知道这个老太太，她对花朵充满了极大的热爱，并且真诚地信奉下面这条格言："无论走到哪里都要将花朵散布到那里，因为你可能永远都不会再走同一条路。"他说到，因为她有着沿旅行路线播撒花卉种子的习惯，这极大地增加了沿途风景的美。就这样，许多条道路由于这位老妇人对于美的热爱以及她不懈努力地在她所到之地撒播美而得到了美化，焕然一新。

如果我们都养成了对于美好事物的热爱并且在生活中无论我们走到哪都将美的种子撒播出去，那么我们生活的这个地球将真的会变成人间天堂！

一次乡村旅行给我们提供了一个很好的将美融入生活之中的机会；提供给我们一个去培养审美能力的机会，而这些能力在大部分人身上还尚未得到开发，这是多么光辉美妙的机会啊！对某些人来说这就像是走进了上帝那充满了魅力和美的伟大画廊之中一样。他们在风景中、在村庄里、在高山峻岭中、在乡村田野里、在青青草原上、在花卉中、在溪水河流中发现的财富是无法用金钱购买到的；美可以使天使都为之欣喜。但是这种美丽和辉煌是无法通过购买得来的；他们只为了那些能够看见、欣赏自己的人而存在——因为那些人能够读懂他们的信息，能够引起共鸣。

你曾经感受到过自然界中的美那不可思议的力量吗？如果没有，那你就错过了人生中最为高雅优美的一种欢乐。有一次我正在穿越约塞美提溪谷，在乘坐公共马车沿着险峻的山路行进了数百公里之后，我已经完全筋疲力尽了，而且似乎就算再继续沿着这条通往目的地的路走上几十公里，我们也不会到达终点。但是从山顶俯瞰下去，我不经意间看见了著名的约塞美提溪谷及其周围的环境，就像太阳的光线冲破了厚厚的云层；那里展现出了一幅绝世稀少、绝妙生动的美丽画卷，每一点点疲乏、脑力上的疲劳还有身体上的疲惫在此刻都烟消云散了。我的全部灵魂都被庄严卓越、雄伟堂皇、高雅优美的崇高感震撼了，这是我从未经历过的，而且我也永远不会忘记。我感受到了精神上的升华，这种升华使我幸福得热泪盈眶。

没有哪个人可以想得出造物主所创造的那些令人惊讶的美，而且也没有人会怀疑造物主做了这样的计划打算：上帝按照自己的外表和肖像创造的人类应该有着同样的美丽。

性格当中的美、举止之中的魅力、表达方式里的吸引力和亲和力、庄严的态度，所有的这些都是我们与生俱来的权利。我们中的许多人在外表和行为举止上是多么地丑陋、顽固、粗鲁和凌乱！如果我们希望自己的外在形象变得更加美，我们必须要美化我们的内心，因为内心的每一个所思所想都会在我们的脸上留下细微的或美或丑的痕迹。

莎士比亚曾经说过："上帝明明已经赐予了你一张脸，不和谐的、具有破坏性的心态会扭曲和毁掉最美丽的容颜。而你却偏偏要用另外一张面孔。"人的心境可以使人变得美丽或是丑陋。

亲切、高贵的性情对于美的最高形式来说是相当必要的，它使无数张平凡的面孔发生了转变。脾气暴躁、本性粗暴、忌妒猜疑，所有这些都会将曾经塑造出的最美丽的面容毁掉。毕竟，在那样的面容上不会存在那种由可爱动人的性格产生的美丽。化妆品、按摩术、药品，都不会消除由于错误的思想习惯所产生的偏见、自私、忌妒、焦虑紧张以及心灵上的踌躇带来的皱纹。

美，源自人的内心。如果每个人都养成了和蔼雅致的心态的话，不仅仅是他们所表达的事物，就连他们的身体也同样会有这种艺术气质的美感。在他们身上确实会有一种优美雅致、魅力以及超凡脱俗，而这些要比仅仅存在于身体上的美丽美妙得多。

我们都曾见过一些特别普通的女性，因其充满魅力的个性而给我们留下了超凡脱俗的美丽印象。通过人的身体表达出来的高尚的灵魂品质将这种美传递到人们的外表之中。从最普通的身体中表达出的优秀灵魂将会使其更加美丽。

有些人在谈论范尼·肯布尔[1]时说道："尽管她非常地肥胖矮小，而且有着红红的面庞，但是她给我留下的印象却是极其地壮丽雄伟。"我从未在任何一位女性身上见到过如此威严的个性。任何一种仅仅是身体上的美丽都会在她的身旁变得黯淡无光、毫无意义。

安托万·贝里尔[2]发自内心地说道："世间没有丑陋的女性。只有那些不知道如何让自己看起来漂亮的女人。"

最高等级的美丽——不仅仅是通常意义上的容貌或体型上之美，是每个人都能获得的。这对每一个人来说都是完全可能的，即使是那些面容最平常的人，也可以依靠在头脑中永远保持美好思想的习惯使她们变成美丽的人，不是那种表面上的肤浅之美，而是心灵之美、灵魂之美，而且他们还可以通过养成善良亲切、充满希望而又慷慨无私

---

[1] 范尼·肯布尔（Fanny Kemble，1809—1893），英国著名戏剧演员、畅销书作家。作品涵盖诗歌、戏剧、十一卷的回忆录、旅行见闻等。

[2] 安托万·贝里尔（Antoine Berryer，1790—1868），法国议会演说家。

的精神而获得美丽。

所有真正的美丽的基础是仁慈和蔼、热情助人的态度和到处撒播阳光和美好的欢乐的愿望，这些都闪耀在人的脸上，使人的容貌变得美丽。人的性格之中那种对于变得更美丽的期望和努力必定会使生活变得美丽，但是外表只不过是内心世界的一种表达，仅仅是日常的思想和主要的动机在身体上的一种影像而已，面部表情、行为举止、风采姿态必定要遵循思想的引领，变得温柔动人、有吸引力。如果你能把美丽的思想、充满爱意的思想，始终保存在自己的头脑之中，那么无论走到哪儿你都会给人留下和谐甜美的印象，因此也就没人会注意你相貌上的平淡无奇或者身体上的残疾了。

有这样一些女孩，她们没完没了地说着对自己不幸的平凡相貌的看法，以至于将其严重地夸大。其实，她们的难看程度连她们自认为的一半都不到，要不是因为她们对这个话题太过敏感或是太在意，其他人对这件事根本毫不在意。事实上，如果她们摆脱自己的敏感并且变得自然一些，经过坚持不懈的努力，她们就能够用思想的活力、愉快的态度、智慧以及令人愉悦的帮助来弥补自己在面容的美丽上的缺失。

我们赞赏姣美的容貌、优美的形体，但是我们喜爱的是那由美丽的灵魂照亮的脸庞。我们之所以喜爱是因为它表明了可能成为完美的男人或女人的崇高理想，而这种理想恰恰是造物主的模型。

并不是我们亲爱的朋友们的外表，而是他或她使我们产生的高尚友谊唤起了我们的爱与钦佩，并且将其融入行动当中。最高等级的美在实际中是不存在的。那只是一种在理想情况下才可能出现的美，正是这种。

每一个人都应该尽力使自己变得美丽，富有吸引力，尽可能使自己成为一个美好的人。在对最高尚的美的渴望中没有一点虚荣自负的污迹。

仅仅局限于对外在形式的美的热爱，就迷失了它最深层次的意义和价值。各种形式的美丽、各种颜色的美、各种色泽和光影的美、各种声音的美使得我们生活的这个世界变得美丽；然而被扭曲了的心是不可能看见所有这些无穷无尽的美的。正是这种内在的精神，灵魂之中的理想，使得世间万物变得美丽；并且激励着我们，将我们提升到另一个高于自身的层次上去。

我们都喜欢外表上的美丽，因为我们渴望完美，我们会情不自禁地钦佩赞美那些几乎包含了或符合我们人类理想的个人或者事物。

但是一个拥有了美丽的性格的人将会从最为枯燥无味的环境中提取出美丽和诗篇，将阳光带进最黑暗的房间里，并且还会在最为窘迫的环境之中发展美丽和高雅。

如果不是因为那些伟大的灵魂，我们会怎样呢？是那些认识到生命的神圣的伟大灵魂，坚持不懈地为我们带来了生命的诗篇、乐章、美丽与和谐，并唤起我们对它们的注意。

要不是这些创造美丽的人、这些激励我们追求美的人以及那些无时无刻为我们带来美妙绝伦事物的人们，那么我们的生活将会变得多么的普通平凡、多么的悲惨可怜！

没有什么其他的造诣成就，没有什么性格特征，也没有什么思想品质会比对于美的欣赏产生更大的满足和快乐，或者说对一个人的幸福更有帮助。有那么多的人可能因为自己在幼年时期接受的审美培养而被从错误的事情中拯救出来，甚至是从犯罪的生活中拯救出来！对于真正的美的热爱可以将孩子们从那些会把他们的本性变得粗鲁凶残的事物中拯救出来。它将会为孩子们抵挡众多的诱惑。

父母们并没有全身心地投入到培养自己的子女对于美的热爱和欣赏之中去。他们并没有意识到，对于容易受到影响的小孩子，每一件和家庭有关的事情，即使是一幅幅照片、一张张裱墙纸，都会影响到孩子们正在逐渐形成的性格特征。父母们永远都不应该放弃任何一次让自己的子女欣赏优美的艺术画作、聆听动人的乐章的机会；父母们应该尝试着去读书给孩子听或者让孩子、经常读一些高雅的诗歌，或者出自名家的励志文章，所有的这些都会用美丽的思想去填满他们的心灵，打开他们的灵魂之窗，吸收上帝的思想以及围绕在我们周围的上帝的爱。那些感动了我们的年轻一代的影响力决定了人们的性格，甚至是我们一生的成功与幸福。

每一个心灵都会对美丽的人和事物产生共鸣，但是这种对于美的本能的热爱必须要通过人的双眼和大脑来抚育，必须要得到培养，否则它就会消亡死去。身处贫民窟中的孩子们对于美的渴求就如同对于金钱财富的渴求一样，都是那么地强烈。雅各布·奥古斯特·里斯①说道："贫穷之人肉体上的饥饿，对食欲的渴望还不及他们对于美的渴望的一半强烈，或者说远不像他们对美的渴望那样难以满足。"

里斯先生一直试着从他位于长岛的家中带些美丽的鲜花送给那些

---

① 雅各布·奥古斯特·里斯（Jacob August Riis，1849—1914），美国社会改革家、"扒粪运动"记者、作家和社会纪录片制片人。

生活在纽约马尔伯里大街上的"穷人们"。他说："这些花从来就没能到达那里，当我从渡口刚刚走了还不到半条街的距离时，就被一群尖叫着的孩童团团围住，恳求我分些花朵给他们，除非我送给了他们一朵，否则我就别想再往前迈上一步。拿到了花朵后他们就跑开了，十分珍惜地保护着这些花朵，跑向某个他们可以将这笔财富深藏起来并且可以时时贪婪地欣赏它们的地方。然后又拉着那些胖胖的小宝宝以及矮小瘦弱的小孩回来，这样他们也能分到一朵鲜花，当小宝宝们看见这来自田野的绚烂光芒时，眼睛变得又大又圆，这种光芒从未降临过他们的身旁。婴儿越小越穷困，其表情似乎就越渴望，就这样我的花都被分光了。谁又能拒绝他们呢？"

"那时我一下子明白了，有一种饥饿比那种饿死人的身体以及写上报纸头条的饥饿还要严重，自此之前我对这一点只有一个模糊的认识。所有的孩子都热爱美以及美好的事物。这是闪耀在孩子们身上的证明其神赐本性的一点火花！为了达到那种理想，他们的心灵在成长。当他们大声呼唤美的时候，他们是在试图用这种仅能使用的方式告诉我们，如果我们任由贫民窟的穷人们用肮脏、丑陋还有花草难生的坚硬泥土将理想饿死，我们就是在将那些我们不熟知的美的东西饿死。无论男女都可能会有着强壮却毫无灵魂的身躯；但是作为一个公民，作为一位母亲，他（她）对于国家来说毫无价值。他们所留下的仅仅是贫民窟里的污迹。"

"后来，当我们侵占进入那片贫民窟并在那里驻扎下来教授母亲们将屋里屋外装饰一新；当我们把孩子们聚集到幼儿园里，在学校里的墙上挂满照片，当我们建造了一所所美丽的新校园，建造了一排排的公共建筑，让阳光、绿草、鲜花、小鸟遍布这些曾经只有黑暗和污秽的地方，当我们教孩子们去跳舞、去玩耍、去欢乐时，这个世界会是什么样子？——天哪！一直以来就应该成为这样——我们试图去擦除污秽，抬起压在明天的沉重的精神负担，失去公民资格是一种比失去任何社团都要沉重得多的负担，即使是失去了共和政体这都是可以长时间忍受的。我们正在偿还未完结的那部分余债，这部分债务是由我们那令人感到惋惜的忽视造成的，而且这是一项好得不能再好的事业。"

百万富翁先生，在纽约的贫民窟里有很多穷苦的孩子，他们可以走进你的画室然后从画室里一幅幅油画上，一件件奢华的家具上收获美的景象，而由于你的审美能力，良好的感悟性都早早地被你对于金钱的自私自利的追求压制住了，因此这样美丽的景象是你从未感受到的。

当今世界到处充满了美的事物，但是大多数人没有接受过训练因而不能很好地辨别它们。我们不可能看清所有存在于我们身边的美，因为我们的眼睛还没有接受训练，还看不见它，我们的审美能力还没有被开发出来。我们就像和伟大的艺术家特纳[①]站在一起的那位女士一样，站在他最令人惊奇的风景画前面，大为惊异地喊道："特纳先生，我怎么就看不见那些你融入画作中的自然界的景物。"

"难道你不希望自己能看到吗，女士？"特纳回答道。

想想在我们疯狂地、自私地追求金钱之时我们将多少非常有趣的

———————————

① 特纳（Joseph Mallord William Turner，1775—1851），英国浪漫主义风景画家，水彩画家和版画家，他的作品对后期的印象派绘画发展有相当大的影响。在18世纪历史画为主流的画坛上，其作品并不受重视，但在现代则公认他是非常伟大的风景画家。

乐事拒之门外！难道你不希望自己也能看见特纳先生在优美的风景中所见的，拉斯金在日落中所见的那些奇异景色吗？难道你不希望自己也能够更多地将美丽融入生活之中，而不是让你的本性变得粗野，让你的审美能力完全丧失，还有你那十分优秀的本能由于追逐生活中那些粗俗的东西逐渐枯萎，仅仅是为了多挣上几美元，为了自私地从别人身上把某些东西抢夺过来就任凭你那种在人群中挤来挤去的兽性的本能滋生？

　　幸运的是，一个接受过感知美教育的人可以拥有一些失败和逆运从他身上抢夺不走的继承物。对于所有从早期就开始不辞辛苦地培养灵魂中培养美好品质、辨别力以及心灵的人来说，都可能会继承到这些东西。

第三章

享受他人所拥有的

　　人必须要心胸宽阔，能够接受所有值得接受的财富和美丽。学着让自己被别人接受，吸收每一样优秀的、真诚的并且美丽的能够丰富人的性格、拓展人的生活的东西，这些是极其重要的事情。

就算你自己本身并不富有，也要替那些富有的人感到高兴，而后你就会惊讶于这一切会给你带来的幸福。

我情愿能欣赏某些我所不能拥有的东西，也不愿拥有某些我所不能欣赏的东西。

——查尔斯·F. 埃克德博士

奥利弗·戈德史密斯① 在《世界公民》这本书里描写了一位满身珠光宝气的达官贵人，周围簇拥的人群中有人对他表示感谢。"这个人是什么意思呢？"这位达官贵人大声问道。"朋友，我从来没有赠送给你任何一件我的珠宝。""对，是这样的，"那个陌生人解释说，"但是，你让我看见了你的珠宝，而且那也是你想使他们起到的全部作用，除了你在欣赏这些珠宝时不太方便这一点，我们俩没有什么区别，不过我可不想像你那样。"

---

① 奥利弗·戈德史密斯（Oliver Goldsmith，1728—1774），爱尔兰诗人、作家与医生。以小说《威克斐牧师传》，他因为思念兄弟而创作的诗《废弃的农村》，与剧本《屈身求爱》闻名。他同时也被认为创作了经典的童话故事《两只小好鞋的故事史》。

通过华盛顿·欧文的介绍我们认识了一位法国侯爵，他谈论到自己将凡尔赛宫和圣克劳德当作旅游度假村、将乐丽花园和卢森堡绿树成荫的小巷当成他的小镇游览地，他借此安慰自己失去了法国的大城堡。

"每当我在这些优美的花园中徜徉，"他说道，"我就假想自己是这些花园的主人，它们就是我的。所有这些欢乐的人群都是我的拜访者，并且我还不用费力去招待他们。我的庄园就是一座完美无忧宫，在那里每个人都可以做自己喜欢做的事情，而且没有人会烦扰庄园的主人。整个巴黎就是我的影剧院，每时每刻都为我呈现着连续不停的奇观壮景。我的餐桌散布在城市里的每条大街上，成千上万的侍者都做好了准备，随时准备飞奔过来为我服务。当仆人们在我的身旁服侍的时候，我会付钱给他们，遣散他们，然后就结束了。我不用担心他们在我转过身去的时候会欺骗我或偷走我的东西。"对于所有的这些，这位面带微笑的老绅士幽默地说道，"每当我回想起我所遭遇过的事情，并且思考我现在所享受的欢乐时，我就把自己看作是一位运气绝佳的人。"

罗伯特·L. 斯蒂文森曾经把他的画作和用具打包，将它们送给了一位即将要结婚的死敌，然后他写信给一个朋友说他终于摆脱了自己的作品，自己曾经一度成为这些作品的奴隶。他说："我恳请你，不要让这些成为自己的拖累。你可能一个月也不会有一次心情去欣赏一下自己的画作。当那种心情来临的时候，去画廊看看吧。此时雇用一些仆人擦去画作上的灰尘，让它以最优良的状态迎接你的到来。"

少数人拥有了这些宝贵的财富，使得贫穷困苦的环境一下子变得丰富多彩起来，而另一些人则从金钱财富所带来的奢华环境中一无所获，这是怎么回事呢？

这完全是一个类似与"吸收材料特性"的问题。有一些人对美视而不见。他们可以以一种漠不关心的态度在最为壮丽、最为振奋人心的风景之中游览。这些美景并没有触及他们的灵魂。他们感受不到那份令其他人心醉神迷的鼓舞。

理解美的能力取决于大脑吸收和接纳生活中的美的能力。

我认识一位女士，她一生都居住在饱受贫穷困扰的街区，一直生活在污秽和嘈杂声之中，然而在这种粗陋的环境中，她养成了温柔亲切而又十分美丽的性格。她拥有着不可思议的灵魂魔法，可以将普通的东西变成稀世珍宝，能将丑陋的东西变得美丽，能将辛苦乏味的事情变成喜悦有乐趣。

这样难得的性格就像是百合花一样，从泥土和湿地的泥浆之中吸收了纯洁和美丽。

能从周围的环境和自己的阅历中提取出一点点希望、幸福和成功的人是那么地少！

你见过蜜蜂飞来飞去地从那可怕的并且毫不引人注意的蜜源上采集美味可口的蜂蜜吗？我就认识这样的一些男男女女，他们拥有这种从各种源头汲取生活中的美的非凡能力，并将其发扬光大。他们从最为令人厌恶的环境中提取出美丽。他们同那些最贫困、低劣、不幸的人交谈，是因为他们明白这会使生活变得更甜美，使他们的阅历更丰富。

因为逐渐地获得了从接触到的世间万物中提取财富的能力而感觉到非常富有，这种习惯确实是一笔人生的宝贵财富。不管其他人是否是它们的所有人，我们为什么不能为自己的双眼所看到的财富而感到富有呢？为什么我不能享受这丰富多彩的美丽花园，就好像它们为我所拥有一样？在我经过这些花园的时候，我可以使这些绚丽的色彩为我所拥有。各种树木、草坪、花卉的美都属于我。其他人所拥有的那张小小的土地证并不能阻断我对美景的所有权。农场、风景最美好的那部分，溪流和草原的美丽，河谷的斜坡，鸟儿的歌唱，还有日落都不能因为那张所有权证而被阻断与我的所属关系；这些美景属于那些可以带走它们的双眸，属于可以欣赏它们的心灵。

从各种不同的来源中收集欢乐的能力是一份神赐的礼物。它拓宽了我们的生活，加深了我们的阅历，丰富了我们全部天性。那是一种用于自我修养的伟大力量。

有些人非常的刻薄小气、毫无同情心而又胸襟狭窄，固执己见而又天性多疑，他们从来没有将自己的本性打开，因而汲取不到他们周围的财富和接触到的美，所有他们接触过的美丽。他们忌妒心强，小心眼儿，他们害怕打开那扇心门。其结果可想而知，他们的生活变得压抑紧缩而又极度匮乏。

人必须要心胸宽阔，能够接受所有值得接受的财富和美丽。

我认识一位生活在纽约的女士，她又矮又瘸，但却有着温柔亲切、开放大度而又十分美丽的性格，这使得每一个人都喜欢她。她走到哪都会受到热烈欢迎，因为她喜欢每一个人，而且对每一个人都感兴趣。她很穷，但是她能融入其他人的生活之中，她的热心、无私的奉献，她的热情使我们身边每一个身体健全、生活环境优越的人都感到羞愧。

　　我认识一个贫穷的人，他要比我所认识的那些有钱人快乐得多，仅仅是因为在他生活的早期，就学会了享受那些即使并不属于自己的东西，因而在与那些东西接触的时候从他身上从未见到过一丁点儿的羡慕和忌妒，相反他十分感激那些拥有这些东西的人。他的心灵如此的美丽，所有的大门都向他敞开着，因为他撒播着阳光和欢乐。

　　不管你是多么贫穷或是多么不幸，你都可以在毫无拥有或是照料它们很麻烦的情况下享受价值连城的艺术作品，还有那些稀世绝美的东西，就好像它们是你自己的一样。想想维护那些拥有着美丽和舒适的城市大花园、宏伟壮丽的公共建筑、环境优美的住宅、漂亮的私人花园和草地以及到处都有的美丽事物要花费多少钱啊，所有的这些即使在你没有金钱的情况下也是可以享受到其中的乐趣的——然而你可能依然会说自己一无所有。

　　一个人如果还没有学会如何享受自己所不拥有的东西的话，那么他就错过了对于文化教养和人生体验最重要的一堂课。

　　幸福的秘密就是要有高兴快乐、容易满足的心境。"他是一个不知满足的穷人，他是一个对于自己所拥有的东西很满足的富人。"并且可以享受其他人所拥有的东西带来的乐趣。

　　孩子们从小就要学会，不管身处多么卑微的境况，都要去感受财富、善良、美丽以及别人的经历之中的丰富多彩下。在年轻的时候，打开人的本性，保持人的内心中每条大路都宽阔地敞开并且保持容易与人引起共鸣的性格；学会让自己被别人接受，吸收每一样优秀的、真诚的并且美丽的能够丰富人的性格，拓展人的生活的东西，这些是极其重要的事情。

第四章

个性是成功的资本

一个人能够对自己做的最好的投资就是养成高雅的举止、诚恳的态度、宽宏的气度，这是一种使人快乐的艺术。因为所有的大门都向快乐愉悦的性格敞开着，所以它产生的力量要远远大于金钱财富。

一个人的个性之中有一些东西是摄影家都难以捕捉，画家也不能将其重现，就连雕塑家都不能成功塑造的。这种精妙细微的东西每个人都可以感受到，却无人能将其描述出来，没有哪位传记作者能够将它写在书中，却对一个人的一生成功起着重要的作用。

这是一种难以言表的特性，有些人拥有它甚至已经到达了超乎寻常的程度，这个特性使得听众一听到一提到布莱恩、林肯或罗斯福这些名字时就变得狂热，近乎疯狂地鼓掌欢呼。这种个人的强大气场使得克莱成为他信徒的偶像。尽管卡恩霍恩①可能是一个更伟大的人，但他从来没能激发出如"疾风骤雨"般的热情。丹尼尔·韦伯斯特②

① 卡恩霍恩（John C. Carlhoun，1782—1850），美国政治家、政治理论家、第七任美国副总统、曾任国务卿、战争部长。

② 丹尼尔·韦伯斯特（Daniel Webster，1782—1852），美国著名的政治家、法学家和律师，曾三次担任美国国务卿，并长期担任美国参议员。一生政治观点多变灵活。1957年，美国参议院将韦伯斯特评选为"最伟大的五位参议员"之一。

和查尔斯·萨姆纳[①]同样都是伟大的人物，但是他们都没能激发出一丁点儿像布莱恩和克莱博得的自发的热情。

一位历史学家在衡量科苏斯·拉约什[②]对于民众的影响时说道："我们必须首先考虑演讲者的身体块头，然后才能衡量这个演讲家的气场。"如果我们的洞察力足够敏锐并且经过足够精细的验证的话，我们不仅能够测量出旁人的魅力，同时对于我们的同学和年轻朋友的未来潜能也能够做出更加准确的估计。对于一个人所处的地位，我们常常会产生错误的看法，这是由于我们习惯于仅仅以一个人的能力来衡量某个人，而不是将他的气场或个人魅力看作是一种成功的关键。然而这种个人的魅力不但与人的发展提升有关，也与人的智力或者教育有关。当然，我们经常会看到一些能力平庸却有着优秀的人格表现、庄重的行为举止和富有感染力的品行的人，会迅速地超过那些天资更加聪颖的人。

我们可以从这样的演讲者身上找到个人魅力能够产生影响的有力证据，在进行演讲时，他像旋涡一样吸引住了他的听众，然而这些个性元素并不能附加在他的那些冰冷的书面文字上，任何读了这些讲稿的人都不会有一丁点儿的感动。这些演讲者所带来的影响力几乎完全取决于他们的外在表现——从他们身上散发出的魅力要比演说家所说的或者所做的更为重要。

---

① 查尔斯·萨姆纳（Charles Sumner，1811—1874），美国著名政治家、律师、演讲家、废奴主义者、共和党参议员。

② 科苏斯·拉约什（Kossuth Lajos，1802—1894），匈牙利革命家、政治家、匈牙利民族英雄。匈牙利1848年革命领导人，担任革命中独立的匈牙利共和国元首。革命失败后，被迫流亡海外。

个性魅力是一种天赋，它可以影响最坚强的性格，而且有时甚至可以操控国家的命运。

我们在不知不觉中就受到了那些拥有这种吸引力的人的影响。一走到他们跟前我们就会有种膨胀的感觉。他们发掘了我们以前完全不了解的潜能。我们的眼界变得开阔了；而且我们会感到一种全新的力量在身体中涌动，使我们跃跃欲试；我们感受到了解脱，就好像压在我们身上的巨大负担已经被移走了一样。

我们可以和这样的人以一种连我们自己都吃惊的方式进行交谈，尽管可能那只是我们第一次相遇。与我们预想的那样相比，我们会更加清晰雄辩地表达自己。他们发掘出了我们自身中最宝贵的东西；他们引导着我们，好像是我们找到了更加强大的自我、更加优秀的自我。在他们面前，奋进和渴望一下子冲进了我们的脑海之中，在此之前这些东西是不曾激励过我们的。突然间生命有了更高尚更神圣的意义，要比过去做得更多更好的欲念激励着我们。

可能就在几分钟以前，我们还在悲伤失望，可是，突然间这种有巨大影响力的个性力量犹如闪光信号灯一样，开启了我们生命中的一个巨大裂口，将深藏起来的能力展现在我们面前。悲伤让位于欢乐，绝望让位于希望，沮丧泄气让位于勇气。我们对美好的事物充满了感动；我们已经瞥见了那更加美好的理想；此时，我们改变了自我。过去的平常生活，缺少了目标和努力，已经渐渐地淡出人们的视线，带着更美好的心灵和更加强烈的理想，我们下定决心，用那些展现在我们身上的力量和潜能进行拼搏。

即使是和拥有这种性格的人有短暂的一面之缘，似乎也会使我们的智力和精神力量倍增，就像两台巨大的发电机会使通过导线的电流加倍一样，我们不愿离开这神奇的魅力，以免我们失去这种刚刚获得的能量。

另外，我们经常会碰见一些能使我们枯萎退缩的人。他们一走近我们身旁，我们就会感受到一阵阵冰冷的寒意，就好像在仲夏时分一股寒流吹在我们身上一样。一种令人颓废消极的情感从我们身边走过，似乎使我们突然间变得狭小了许多。我们感受到了一种能力的流失。在他们的面前我们的微笑变得比在葬礼上还要少。他们阴暗消沉的气质使我们的兴奋热情冷却了下来。在他们的面前我们没有任何一点扩展自己的可能性。就像是一片乌云突然间遮挡住了阳光明媚的夏日晴空，他们的阴影笼罩着我们，使我们焦虑不安。

我们会本能地感觉到这样的人不会同情体谅我们的渴望，而且我们自身的热情正紧密地守卫着我们所有的希望和目标。当他们靠近我们的时候，我们的美好目标和渴望都在收缩，温情的魅力也随之消失，而且生活似乎失去了颜色和光彩。他们的出现只会消磨我们的意志，而我们也只能赶紧撤离。

如果我们仔细地研究了这两种性格的话，就会发现其中的主要区别就是前者关爱别人，而后者则不是这样。当然，那种杰出的影响他人的处世风格以及使万众归心的个性魅力很大程度上是人的先天才能。但是我们会发现那些在实际生活中大公无私的人，那些真心地关切其他人幸福的人，那些认为拥有可以帮助同伴做什么的人是无处不在的——即使可能缺少优美的行为举止和高雅的风采，这种人无论走到哪里都会是一股振奋人心的力量。他会给每一个接触过他的人带来鼓励和提升。他会博得所有与他有过接触的人的信任，会受到他们的爱戴。只要我们愿意，我们每个人都可能培养出这种崇高的人格。

这种难以捉摸、神秘莫测的东西，有时我们将其称作个性或者人格，它时常会比那些可以评价的力量或者可以定性的品质更重要。

许多女性天生就有这种吸引人的特质，这种特质与相貌上的美丽完全不同。通常，很多相貌平常的女性都拥有这种特质。非常明显的一个例子就是某些管理着法国沙龙的女性绝对要比坐在王座上的皇帝拥有更强有力的控制权。

在一次社交聚会上，当时交谈勉强拖沓地进行着，兴趣也在慢慢减退时，某位有着迷人个性的耀眼女性走了进来，她的到来立刻扭转了全场的气氛。她可能不是非常温雅美丽，但是每个人都会被她吸引，和她交谈是一种特殊的荣幸。

拥有这种非凡特质的人们常常并不知道这种力量来自哪里。他们所知道的仅仅是他们拥有这种能力，却不能加以定位和描述。然而它就像是诗词、音乐或者艺术一样，是种天生的才能，伴随人的出生而生，这种能力同样也可以培养。

那些吸引他人的性格魅力通常是来自优美高雅的行为举止。机智通常也是一个非常重要的因素——它仅次于最为重要的良好修为。一个人必须清楚地知道自己要做什么，然后才能在恰当的时间做正确的事情。准确的判断和丰富的常识对于那些试图获得这种魔力的人来说是不可或缺的。高雅的品位同样是个人魅力中一个重要的因素。你可能会因为冒犯别人的品位而伤害到他们的感情。

一个人能够对自己做的最好的投资就是养成高雅的举止、诚恳的态度，宽宏的气度，这是一种使人快乐的艺术。因为所有的大门都向快乐愉悦的性格敞开着，所以它产生的力量要远远大于金钱财富。它们不仅仅是受到欢迎，世界各地的人们都在寻找这种艺术。

许多年轻人都将他在生活中的进步提升或者人生的起步归功于乐善好施的性情和乐于助人的品格。这也是林肯伟大的品格之一；他有着帮助他人的热情，一种在任何情况下都会令他人愉快惬意的热情。赫登先生——林肯的法律事务顾问说道："当林肯下榻的拉特利奇酒店人满为患时，他经常会让出自己的床位，在自己工作间的柜台上用一堆棉布当作枕头睡觉。不知为什么，每一个遇到困难的人都会向他寻求帮助。"这种慷慨助人的渴望使得林肯深受人民的爱戴。

使人高兴满足的能力是一笔巨大的财富。还有什么能比那种总是吸引人而不是将人排斥于千里之外的性格更加宝贵的呢？这种人格不仅仅在生意场上左右逢源，在生活的各个方面都是如此。这种性格会培养出政治家和政客；它会为律师吸引来当事人，也会为医生吸引来患者。对于牧师来说这种人格就是他全部价值的体现。不管你从事什么样的职业，养成吸引他人的举止魅力和个人性格这一点的重要性，即使给予再高的评价也不过分。他们会替代资本或者权利。他们常常还可以替代大量的艰辛劳作。

有些人，他们吸引生意买卖、顾客、委托人和病人，就像磁石吸引金属颗粒一样，是那么自然而然的一件事。每件事物都朝他们的方向聚拢，小铁粒向着磁石的方向运动也是同样的原因——因为他们都受到了吸引。

这样的人就是商界的磁石。生意也会围绕着他们运转，即使表面看来他们所做的努力还不及那些成功人士的一半。他们的朋友都会把他们称作"幸运儿"。但是如果我们仔细分析这些人的话，我们就会发现他们都拥有着吸引他人的魅力。通常是这些人个性的魅力赢得了所有人的芳心。

许多非常成功的生意人和各行业的专业人士都会很惊讶，如果他们仔细地分析了自己的成功的话，他们就会发现自己习惯性的谦逊和其他一些优良的性格在他们成功的道路上帮了多大的忙。若不是因为这些，他们的睿智、长远的眼光和商业技能，所取得的成就可能连现在的一半都不到；不管一个人是多么的神通广大，如果他们鲁莽鄙陋的举止赶走了他们的客户、病人或者顾客，如果他们的个性遭人反感，他们就总是会处于不利的地位上。

培养自己受人欢迎的品质总是会有所回报的。它会使成功的可能性加倍，启发人们，建立起良好的性格。要想受到他人的欢迎，就一定要摒弃自私自利，就必须要克制坏脾气，像绅士或淑女那样彬彬有礼、和蔼亲切并且待人友善。在试着使自己成为受欢迎的人的同时，这个人就已经踏上了通向成功的路途了。结识朋友对于成功来说可谓是一味强心剂。在危机到来的时候，当银行倒闭的时候，当生意走向失败的时候，能够帮助你力挽狂澜的东西才是最重要的。有那么多的人在熊熊大火或洪水，或者其他一些天灾人祸卷走了一切之后还可以东山再起，就是因为他们养成了得人心的性格，因为他们学会了让自己快乐的技巧，学会了结交朋友和牢固友谊的技巧！人们会深受到他们的友情、他们的好恶的影响，与冷漠、毫不关心他人的商人相比，那些受人欢迎的商人在这世界上享尽了各种优势，因为，客户、委托人或是患者会向那些受欢迎的人寻求帮助。

培养待人热情的艺术。它将会帮助你去表达自我，这是其他任何事物都无法做到的；它会唤醒你所有的成功品质；它会拓宽你的同情心。培养其他更美好的天赋要比具有这种天生的才能困难，而培养这种才能相对容易是因为它是由许多其他的品质构成的，而这些品质都是后天可以培养的。

我从来没听说哪个完全无私的人会不受人欢迎。而且没有一个总是为自己盘算并且挖空心思从别人身上捞取好处的人会受人欢迎。我们自然而然地就讨厌那些总是试图向别人索取但是从不为别人着想的人。

受人欢迎的秘诀就是要让你自己本身快乐满意。如果你为人随和，那么你就一定是宽宏大量的人。心胸狭窄、办事拖沓的灵魂是不会受人爱戴的。人们往往会敬而远之。在言语表达、微笑、握手之时，必定包含真心，这是毋庸置疑的。即使是铁石心肠的性格都无法抵挡这些个性魅力，就像人的双眼无法抵挡住太阳的强光一样。如果你能够散发温柔甜美和光明，人们自然会喜欢接近你，因为我们都期待阳光，试图摆脱阴暗。

不幸的是，家庭和学校很少教授这些东西，而我们的成功和幸福却很大程度上依赖于它们。事实上我们中间的许多人并不比那些没有接受过教育的粗野之人好到哪去。可能我们知识渊博，但是当我们应该宽宏大量、慷慨大方、有同情心的时候，我们却表现得吝啬小气，生活在狭窄受约束的生活之中。

那些有着强烈的人格魅力处处受欢迎的人，为了养成受人尊重的性格和品行，他们要承受无尽的痛苦。如果那些天生就喜欢过着离群索居生活的人想要成为公众关注的人，他们就要敢于为此花费更多的时间并且承受更大的痛苦，那样他们就会创造奇迹。

每个人都会受到良好性格的吸引，并且无论何地都会抵制不受欢迎的性格。富有吸引力的品格的全部准则就在下面这句话里：优雅良好的行为举止可以取悦他人，粗俗鲁莽的性格则会使他人感到厌恶。我们情不自禁地就会被那些总是帮助我们的人所吸引——那些人对我们施舍着同情心，总是在尝试着使我们感到舒适安乐并且尽其所能地给予我们便利条件。

另外，我们会对那些总是试图从我们身上得到些什么东西的人感到厌烦，那些人为了抢占车厢或者礼堂里最好的座位会不顾一切，那些人总是在寻找最舒服的椅子，挑选最精美的菜肴，那些人总是想要在餐馆和酒店里第一个得到服务，从来不会考虑其他人。

能否展现最好的一面完全取决于你的自身。为了接近某人，为了在初次见面时留下美好的印象，为了接近潜在的客户，就要像与他相知多年一样，不去冒犯他的喜好，不要引发偏见，而是要取得他的同情和好感，这是一项了不起的本领，它能够带来丰厚的回报。

亲切的个性是一种魅力。故意怠慢那些拥有这种魅力的人是件很困难的事情。他们身上的某些东西可以制止住你的偏见，不管你有多的繁忙或是多么焦虑为难，或是你有多么不喜欢被打扰；无论如何你都不会对拥有这种魅力的人置之不理。

当与那种有着强大人格魅力的人接触后，很多人都会有这样的感觉和变化：思想变得锐利，能力得到极大地提升，他们的人格魅力激发了那些隐藏的此前从未梦想过和拥有过的能量，让我们说出或者做出独自一个人时不可能完成的事情，我们会感到自己的能量在成倍地增加。演说家投放给观众的力量来源于听众，首先从听众的身上汲取养分，但是他们并不能像化学家那样，从各个瓶子里可以取出他想要的化学物质，他们从各个单独的听众身上汲取不到那么多的能量，只有经过不断的接触、融合才可以产生新的创造力、新的力量。

我很少注意到我们所取得的成就，其实很大程度上要得益于其他一些帮助我们的人，他们强化了我们的才能资质，将希望、鼓励和有益的帮助播撒进我们的生活，并且在精神上支持、鼓励我们。

我们很容易高估单纯的书本教育的价值。学院教育的价值大部分来自于学生间的社会交往和通过人际交往所带来的巩固和提升。他们的才能本领通过思想间的摩擦、头脑间的碰撞得到增强，变得完美，这些摩擦和碰撞激发了人的雄心抱负，点亮了人的理想之灯，打开了希望之窗。书本知识是有价的，但是来自于思想交流的知识则是无价的。

两种性质迥异的物质，彼此间却有着化学上的亲和力，二者结合产生的第三种物质，可能会比这两种物质之中任何一种，甚至比这两种加在一起都要强大得多。两个彼此之间有着强烈的亲和力的人经常会催化出一种活跃力量，而他们在此之前从来都没想过自己会拥有这种力量。许多作家都将他们最伟大的作品和至理名言归功于朋友，这些朋友唤醒了他们的潜能，要不是这位朋友，这种潜能可能还仍然处于休眠状态之中。艺术家可能会被一件杰作之中蕴含的精神力量所触动，或者被某些他们偶然碰见的人感动，在他们看来，这位艺术家发现了别人不曾发现的东西，或者具有了成就某件不朽杰作的力量。

　　和自己的同伴打成一片就是一段探索的旅程，去找寻内心深藏能量的那一片新大陆，要不是朋友的帮助，这种能力可能就会永久地被埋藏起来。每一个他所遇见的人都会给他带来疑惑，如果他能仔细探究一下的话，他就会获得一些此前从不了解的东西，那些东西会在他前进的路上给予帮助，会丰富他的生活。没有哪个人会发现自己是孤单的一个人。其他人会发现你的才能。

　　当你明白了如何正确看待自己在社交场合上与他人交际的时候，你会从中受益良多。但事实是这样的，你可以从他们身上获取到很多东西，但是同时你也要将你自己的很多东西给予他们；你散发出的热量越多，你就会心胸越宽广、越慷慨大方，你就会更加游刃有余地与人交往，而你所得到的回报也就会越多。

　　如果你想获得更多的回报，那么你就必须有更多的付出。除非湍流从你身上散发出去，否则无法向你奔腾而来。你从其他人身上获得的所有东西不过是你所有付出的一种反映。在你付出的时候，你越是慷慨大方，你获得的回报就越丰盛。如果你在付出的时候吝啬、勉强、小气，那么你也不会获得什么回报。在你可能会获得如奔涌的江河一般的祝福的时候，你必须以一种全身心、慷慨大方的态度奉献自己的一切，否则你所获得的回报就只能像小溪流一样。

　　一个本可以均衡发展、丰富多彩的人，充分利用了每一次从各方面接触生活的机会，但除了自己的那点专长仍然只是个小人物，这是因为他没有拓展自己的社交渠道。

　　错过任何一次和我们同类的人结识的机会，尤其是与那些比我们高明的人的交往机会，都是莫大的错误，因为我们总能从他们身上得到些有价值的东西。正是通过社会交往，我们身上那些粗糙的棱角才会得以打磨，这样我们就会变得睿智而富有吸引力。

如果你决心走进社交生活：要为它付出些什么东西，让它成为一所能够自我提高并且激发出最优秀的社交本领，能够激活那些由于缺乏经验而被压抑的富有潜能的脑细胞的学校，那么你就会发现原来社交场合既不使人感到厌烦也不是让人徒劳无益。但是你必须要为社交生活付出些什么，否则你就会一无所获。

当你学会如何将每一个你结识的人都看作是拥有了一笔宝贵财富的时候，它就会丰富你的生活，扩展你的经历并且促使你成熟，你就不会认为在会客厅里度过的那些时间是被浪费掉了。

那些决心付诸行动的人会将每一次经历都看作是一位人生的导师、文明的巨匠，这些经历会使生命更加的丰富多彩。

不管是对年轻人还是对老年人，率直的性格是令人愉快的重要性格特点之一。每个人都钦佩赞美那些敞开心扉、坦诚相告、不去掩饰自身的缺点和弊病的人。通常来说，他们心胸宽广、宽宏大量。他们能够激发出爱和自信，而且由于他们的率直和质朴，也会激发其他人身上相同的品质。

隐匿会拒人于千里之外，而率直则会吸引人。引起怀疑和猜忌的念头倾向总是会引起隐藏和掩盖。本性率直诚实的人，有着阳光般的本质，人们都会对其毫无条件地加以信任。而那些虚伪、有所隐藏的人，不管他们看起来是多么的优秀，人们都不会委以信任。和这些乐于隐匿的人相处就像是在漆黑的夜晚驾驶着汽车一样，总会有一种不确定的感觉在里面。我们可以置之不理，但是总会有一种潜在的对于某些在我们前方的陷阱或是未知的危险的恐惧。因为这种不确定性，我们会感觉到不舒服。他们可能没有任何问题，也可能只是应付我们，但是我们不放心而且也不会相信他们。不管这种善于隐匿的人表现得多么有礼貌多么亲切，我们都摆脱不了自己心里的那种认为在他们的客气礼貌背后可能另有动机的情绪，并且认为他们正在考虑隐匿在心里的企图。他们总是像谜一样的难解，因为他们在生活之中总是带着一副面具。他们竭力隐藏着各种对他们不利的性格特征。除非他能改掉这样的毛病，否则我们永远不会看到一个真实的人。

还有一些人，他们经常出现在公共场合，毫无隐瞒，总是向我们显示他们的真心，总是十分坦白直率、宽宏大量、慷慨大方，他们是多么地不同！他们如此迅速地就赢得了我们的信任！我们所有人是如此喜欢并信任他们！我们能够包容他们的疏忽和弱点，因为他们总是准备承认自己的错误，并且总是准备去弥补。如果他们有什么不良品质，也总是暴露无遗，我们也总是体谅他们。他们的内心是完美无瑕而且真诚的，他们的同情总是宽厚主动。他们所拥有的那些特殊的品质——坦白率直和质朴，有助于使他们成长为极其高尚的人。

在南达科他州的布莱克山区居住着一位地位卑下、没接受过什么教育的矿工，他博得了所有人的喜爱和良好祝愿。"你会情不自禁地喜欢上他的。"一位英国矿工这样说道，当被问到为什么其他矿工和当地的人会情不自禁地喜欢他时，他回答说："因为他有一颗真心，他是一个真正的男人，他总是帮助那些身处麻烦的孩子，你去他那里从来都不会空手而归。"

聪明英俊的年轻人，东部名校的高才生，都去那里寻找着他们的前程；许多很有才干而且很强壮的人从全国各地被淘金热吸引过来；但是这些人之中没有几个能像这位穷苦的老人那样保持住公众的信任。他几乎写不出自己的名字，也不知道上流社会的条条框框，然而他就是这样在当地居民的心中牢固地树立起自己的高大形象，只要"艾克"还生活在那里，不管是哪个其他受过高等教育或是受过教化的人，都没有机会在选举中战胜他而当选。

他被选为小镇的镇长，并且被派往立法机关，尽管他连一句合乎语法的句子都讲不出来。这完全是因为他有"一颗真心"，是一个真正的男人。

第五章

如何获得社会
交往上的成功

将人们吸引到自己身边最好的方式就是让他们感觉到你对他们感兴趣。你绝不能为了达到这样的效果而刻意为之。你一定要真正地对他们感兴趣，否则他们会察觉到那是一种欺骗。

使人愉悦的能力是一笔重要的成功财富。它会为你做一些金钱不会帮你做到的事情。它会经常地给你带来资本，而这是经济上的财富无法保证的。人们会受到他们喜欢的和不喜欢的事物的控治。我们受到了那种使人愉快的、有魅力的人格的强烈影响。有说服力的行为举止通常是不可抗拒的。甚至坐在审判席上的法官也经常会感受到它的迷惑力。

切斯特菲尔德①勋爵将使人快乐的艺术称作是最美好的一种天赋。这是一种非常重要的社交能力。如果你想让自己受到别人的欢迎，你就必须采取一种受欢迎的态度，而且最重要的是，你一定要能使别人对你产生兴趣。如果人们对你不感兴趣的话，他们就会回避你。但是如果你能变得充满阳光，总是高高兴兴的、乐于助人而且十

---

① 菲利普·道摩·斯坦霍普，切斯特菲尔德第四任伯爵（Philip Dormer Stanhope，4th Earl of Chesterfield，1694—1773），英国政治家、演说家、上下两院的议员、外交家和文学家。因写给私生子菲利普·斯坦霍普（Philip Stanhope）的书信而闻名。这些书信风格简洁优美、充满了处事智慧、睿智的建议和犀利的评论。直到现在，"切斯特菲尔德式"（Chesterfieldian）仍然表示温文儒雅的意思。切斯特菲尔德出生在伦敦，活跃于政界，他与伏尔泰保持书信联系，是斯威福特和蒲柏的朋友。

分亲切和蔼的话，如果你能在自己周围的方方面面都播撒上阳光的话，就算是隔着几条大街人们也会走过来与你相会，而不是试图要躲开你，这样一来，使自己成为一个受欢迎的人就不会费劲了。

将人们吸引到自己身边最好的方式就是让他们感觉到你对他们感兴趣。你绝不能为了达到这样的效果而刻意为之。你一定要真正地对他们感兴趣，否则他们会察觉到那是一种欺骗。

如果你回避别人，你就一定是存心让他们也回避你；而如果你总是在谈论一些关于自己的伟大成就的话，你也会发现人们会逐渐离你远去。你没能让他们感到高兴。他们希望你能谈论一些关于他们的事情，也希望你能对和他们有关的事情感兴趣。

如果你总是拉长着脸，总是摆着不友善、令人讨厌的脸色，那么你在雇员和其他人中间不受欢迎，就不会令人感到惊讶了。每个人都喜欢欢乐和蔼的面孔。我们总是在寻找阳光，我们想要远离乌云和阴霾。

很多人认为，所谓的真正修养和高雅在很大程度上只是装模作样。他们认为只有那些尚未被加工的钻石才是真正的钻石。他们会说，如果一个人是真诚的，如果这个人拥有了那些高尚的品质并且忠于真理，那么不管他的外表是多么笨拙粗野，他都会受到别人的尊敬并且终将会获得成功。

这种争论只在很有限的范围内是有益的。一个有价值的人，犹如一块未被加工的钻石，不管它们可能会有多少内在的价值，没有人会考虑去佩戴那种未经过切割的钻石。一位男士，他可能拥有一些价值百万美元的尚未切割的珠宝；然而，如果他拒绝将这些珠宝切割打磨的话，就不会有人欣赏到它们的美丽。没有经过训练的眼睛就没法将他们与普通的水晶区别开来。它们的价值取决于其光泽度，以及钻石切割工从它们的身上激发出的美。

所以，一个人可能掌握了很多令人羡慕的技能，但是如果他们都被掩藏在粗糙、笨拙的外表下的话，大部分本身固有的价值就会被剥夺。只有那些敏锐的观察者识人的行家才能发现他们。切割打磨对于金刚石所做的改造，就如同教育和高雅的社会交际对于生活在简陋环境里的外粗内秀之人所做的改造一样。良好的教化、有魅力的个性以及优雅的举止所带来的高雅都会将其自身价值增强一千倍。

这世上最困难的事情莫过于改变我们对于某个人的第一印象了，不管印象是好是坏。我们没有认识到当我们第一次见到某个人的时候，我们的头脑运转的速度有多快。我们眼观六路耳听八方；我们的头脑在忙着根据我们的判断尺度衡量这个人。我们机警地留意他们有何长处和弱点。每一句话、每一个动作、行为举止、嗓音——我们的头脑可以很快地吸收每一件事，而且我们的判断不仅形成的速度快而且十分稳固，所以要改变我们对于某个人的第一印象是非常困难的，甚至可以说是几乎不可能的。

粗心大意、笨拙不机敏的人不得不经常花费大量时间来克服自己给其他人留下的负面的第一印象。他们通过写信来道歉解释。但是这样的道歉和解释通常是没有任何效果的，因为与那些通常存留持久的第一印象的强大画面相比，尽管不惜一切努力去进行改变，但是仍然是杯水车薪、回天乏力。因此这对于那些试图让自己给人留下小心谨慎的印象的人来说是至关重要的。在职业生涯的初期，给人留下负面印象可能会将这个人阻拦在荣誉大门之外并且会贬低自己的价值。

如果你能给人留下这样的印象：第一你是一个男人，你的男性的刚毅地位高于其他任何事物，正直、诚实和高贵是和你有关的最突出醒目的东西，并且高高地耸立在其他的品质之中，如果人们能够在你所展现的每一件事背后看见一个真正的男人，你就会获得整个世界的信任。

我认识一个男人，有成千上万像他这样的男人，他不明白为什么人们总是躲着他。如果他去参加社交聚会，人们似乎都试图远离他所在的那一边。当其他人在尽情地享受欢乐、说说笑笑的时候，他却独自安静地躲在屋子的角落。如果他无意中成为受人关注的焦点，那么似乎有一种离心力作用在他的身上，这种力量很快就会将他拖出来，使他重新回到他那孤独的小角落。很少会有人邀请他去参加什么聚会。看上去他好像是一个社交方面冷冰冰的人——在他的周围没有任何的温暖，也没有任何的吸引力。

至于这个人不受欢迎的原因对他自己来说是个谜。他有着巨大的潜能，是一位辛勤的工作者，在他的日常工作结束之后，他喜欢去放松，喜欢和他的朋友们混迹在一起，但是他丝毫没有获得自己所期待的乐趣。他会羞辱地发现人们会不停地躲避自己，然而其他一些能力不及其一分的人，无论走到哪里都会受到欢迎。他不知道自私自利对于自己的受欢迎度来说才是最根本的障碍。他总是考虑着自己的事情。他不可能从头脑中将自己或者自己的生意驱赶出去，然后有足够的时间来对其他人和事产生兴趣。不管你和这样的人谈过多少次话，他总想把话题引到他自己或者他的生意上来。

男人通向社交成功的道路上还有另一道障碍，那就是他并不知道吸引力的奥秘。他不知道每个人都是一块具有吸引力的磁石，以各自精确的磁力强度把事物吸引到自己习惯的想法和动机上来。总是考虑自己的人成为一块自我磁石，只对自己的事情感兴趣而没有别人。他总是认为自己会成为一个自我吸引的人，吸引自己，而没有其他人。许多人都成为了金钱的磁石。他们的思想被金钱财富长时间地牢牢抓住，导致了他们只对金钱感兴趣——对其他任何事物毫无兴趣。还有一些人变得十恶不赦，因为他们使自己成为了吸引罪恶的磁石。

另外，有些人的思想和性格是如此的美丽，每一个与他们接触过的人都会有一种归属感和亲切感。他们周围的每一个人都喜欢他们、赞美他们。这些有着博爱之心的人被世人所爱，因为他们热爱每一个人。

他们是可以吸引各种不同类型的人的磁石，因为他们心胸宽广，容得下所有人。他们对所有人都感兴趣，他们对每一个人都饱含博爱和宽容。

我们会本能地去衡量一个人的最具有影响的品质，并且在适宜的情况下对每一件和他有关的事情作出评判。一旦我们认识到一个人的主要品质，就会立刻明白他是一个孤傲之人，还是一个慷慨大方、思想开放、坦诚相待、人格魅力十足、怀有一颗博爱之心的人。

一个人只要他依旧保持着冰冷的态度，以自我为中心，并且总想着自己，对于其他人来说他就没有任何的吸引力。他会遭到别人的回避和厌烦。没有人会主动找他。这恰恰就是一个使自己成为一块什么样的磁石的问题。从他表现出对其他人的关心和感兴趣的那一刻起，他就具有了磁石的魔力，就会吸引其他人。他对别人的吸引力与对别人的关注度成正比。只要他设身处地的为别人着想，真正关注他人的幸福，不再将话题转向自己，那么无须太久，其他人就会对他产生兴趣。只有一种方式可以得到别人的爱，那就是去付出自己的爱。爱会破坏自私自利和自我意识之间的紧密联系。停下来，别去总考虑自己，关注其他人吧；培养起自己对他人的赞美赏识和热爱，激发自己真心去帮助他们实现愿望，然后你就不会失去别人的爱戴，最终会成为一个受欢迎的人。

有许多人总是会遭到别人的回避，因为他们总是将自己封闭在一个人的小圈子里，只是一门心思地从事自己的事情。他们离群索居太久，失去了与外界的联系，变得与现实世界格格不入。他们一直长时间地过着主观个人的生活，因而客观的生活对他们来说是完全不可能的事情。他们没有认识到，独自一人生活并且对其他人丝毫不感兴趣，时间一长就会切断吸引他人的力量之源，就会使他们的同情心枯竭干涸，直至他们停止产生任何一点温暖或者能量，最终会成为人类的冰柱，如此地寒冷以致他们略微的露面都会使其周围的所有氛围战栗发抖。

人类就是这样延续下去的，因此通常情况下人不能独自生活。人类生活中大部分的美好事物都来自于其他人。人是一种与其他事物存在关联的生物，当把一个人与其同伴的联系切断开来时，他就会失去大半的力量。一个人变得伟大，是因为他与其他人的生活始终保持着接触，这种接触使他们之间建立起了一种必不可少的密切联系，使得他们的生活和思想在彼此之间相互激荡。

一串绿葡萄从葡萄藤上摘下来的那一刻起它就开始了枯萎。从给它提供养分的那些生命液被掐断了供给的那一刻起，它就逐渐变得萧条和乏味。它就会变得毫无价值。葡萄藤的功效在于它是汁液的通道，在于它通过藤蔓从泥土向葡萄输送养分。它不可能单独成就什么事情。当它的能量之源被切断的时候，它就会停止生长，之后就会枯萎死去。

一个人不过是生长在伟大的人类葡萄藤上的一串葡萄而已。从他切断与自己的伙伴的联系的那一刻起，他就开始枯竭凋萎。在人类种族的团结方面也有一些类似的东西，但是在所有人类个体组成的总体方面并不能得到合理的解释。就像基普林说的："狼的力量存在于狼群之中。"从主体中的分离经常会连带产生个体之中力量的巨大损失，就像在分离钻石的分子和原子时会有大量的内聚力和吸附力损失一样。珠宝的价值就在于这紧密的接触、致密性以及组成它的小微粒的密集程度。一旦这些微粒被彼此分离开来，那么它的价值也就会随之消失。性格坚强、有影响力的人通常都是从与其同伴的那些极其重要的联系当中获得他大部分的力量的。

人类无论在物质上还是在精神上都是杂食动物。人需要各种不同类型的精神食粮，这些食粮只能通过和不同类型的人交往才能够获得。自将一个人从他的同伴中分离出来那一刻起，他就开始逐渐堕落退化。那些被囚禁起来，多年不与其他人沟通联系的孩子已经退化到白痴的地步了。

一个人强大与否同他从其他人身上吸收过来的力量的数量、质量和种类有关。强者往往和自己与同类人在社交、精神或者道德上存在一定程度的交往密不可分，而弱者则恰恰与他将自己与其他人隔绝开来有关系。

一些宗教组织一直试图将修道院中的僧侣分离开，切断他们与外部世界的所有联系，甚至切断僧侣们彼此之间的联系，通过这些使道德巨人得到进化。但是他们的做法最终被证明是错误的，正如所有试图干涉造物主促使人类团结的伟大计划一样，是注定要失败的。

有一种强大的心灵感应力量，在人与人的头脑之间、灵魂之间起作用，我们还不懂得如何去衡量这种力，但是激发这种心灵感应力需要很强大的力量，构建或者卸下这种力量也需要很强大的力量。实际上有很多途径可以将营养物质传输到人的头脑之中，而且关闭这些途径中的任何一条都一定会阻碍这些能力的发展，甚至是切断能源。人类的五种基本感官方式只是将印象和信息传递到人的精神灵魂的众多传输方式中的一种。还有其他一些可以照亮人的心境却看不见摸不着的、未知的精神感官。我们越来越严重地依赖于灵魂从各处吸收得来的养分，但是这种养分是那些粗糙的感觉无法衡量或是测量的。我们通过耳濡目染吸收进了力量，但这种力量不会通过视觉或听觉神经进入我们的心灵。来源于大师级的绘画作品中的最伟大的东西并不在于其色彩和油画上的光影或轮廓，而是藏在所有的这些东西的后面，一股继承了画家个性的巨大力量，由所有他们继承的和经历的东西构成。我们从来都无法测量那些通过想象可以影响内在潜意识的暗示性力量。

有些人可以在我们的身上发现最美好的事物，而从来不会发现丑恶的事物，与这样的人结交的良机对我们来说其价值要远远大于那些能赚到钱的机会。这样的良机会将我们提升高贵品质的力量增加一百倍。

要当心这样一些人，他们总是轻视别人，总要找出他们的性格之中存在的瑕疵和缺陷，或者狡猾地曲意奉承说他们现在绝对不是他们应该成为的那个样子。这样的人是很危险的，不应该受到我们的信任。轻视他人的头脑是狭隘的、随处可见的、不健康的。那样的头脑不可能看见也不可能承认其他人身上的优点。这完全是一种忌妒的思想：对这样的大脑来说，听到其他人谈吐优雅的演讲、受到表扬，或者被赞赏某种品德善行或是优点，确实是个痛苦的经历。如果他否定不了别人所说的优点存在，他就会试着用"如果"或者"但是"这样词语去将这些优点最小化，或者使用其他一些方式去对那些受到表扬的人的品性抛出质疑。

心胸宽广、健康、正常的头脑会看到其他人身上的优点要比缺点多得多，但是心胸狭隘、轻视别人的头脑却只是盯着缺点——只会盯着那些令人讨厌的不诚实的人。洁净、美丽、真诚以及吸引力的事物太过于广博了，无法进入他的视野。它以拆毁或者破坏为乐，但是却没法建立什么。

不管在什么时候，只要你听见某个人在试图轻视别人，就要将这个人从你的朋友名单中清除掉，除非你能帮助他补救这些错误。不要自以为那些将其他人的过失告诉你以及批评责难其他人的人，在某个时机到来的时候不会以相同的方式对待你。这样的人无法拥有真正的友情，因为真正的朋友关系能够给人以帮助，而不是阻碍；真正的友情永远都不会暴露朋友性格中的弱点，或是鼓励其他人去说朋友的坏话。

文明教化最上乘的一项的成果就是有着这样的能力，能够看见上帝按照他自己的形象创造出人类的模样，而不是留下了错误和缺陷的伤疤的模样。只有慷慨大方、充满慈爱的灵魂才能达到这种文明教化的程度。只有宽宏大量、仁慈、心胸宽广、勇敢的人才会无视其他人的缺陷，并且总是准备着进一步详述他们的优秀品质。

我们一直都在不知不觉地通过我们对其他人的看法影响着他们。从你的朋友和那些与你有往来的人身上看见的品质，你往往都会将其发扬光大。如果你只看到了人渺小、刻薄、卑劣的一面，你是无法帮助他们脱离那些缺点的，因为你只会使其得到加强和巩固；但是如果你能看见他们身上的优秀、高贵、积极向上的品质，当他们唤醒了卑微的、毫无价值的自己的时候，你就会帮助他们发扬这些品质。

在世间各处，在整个世界，这种潜意识的影响力一直在交替地进行着，根据其本质要么助人一臂之力要么阻碍人的发展。

许多人总是病态地认为自己在某些方面很怪异。其中一些人认为，自己可能从父母那里继承了某些特质，总想着把它们从自己身上找出来。而这正是使这些怪癖得以显现的方式，因为我们将那些留在头脑中的东西吸收到自己的身上。这些人一直在担心，总想着那些怪癖对自己造成的恶劣影响，由此不断地增加自己的恶行。他们对于真实的或者想象出来的癖好开始变得敏感。他们从来不喜欢去谈论或者听说关于这些癖好的任何事情，然而认为自己已经有了这种癖好的想法带走了他们的自信并且毁坏了他们的成就。

这些癖好的大部分通常都是想象出来的或者是被想象力夸大了

的。但是时间一长，对于那些遭受折磨的人来说，就变成真的了。

治疗的方法就是做正好相反的事——总想着完美的品质而忽略任何可能的缺点。如果你认为你自己很古怪，那就要养成保持正常思维活动的习惯。对你自己说："我并不是古怪的人。使我心烦的那些怪癖并不是真的。我是按照造物主的构想成长起来的，而且完美的造物主不可能创造出缺陷，因此我认为自己所拥有的那些瑕疵并不是真的，就像我这个人是真实存在的这个事实一样。在我的身上不可能有什么反常的事情出现，除非是我在思想中产生了它们，因为造物主从来都没有将这些反常的事情交给我。他也从未给过我什么不和谐的东西，因为他就是和谐、大同。"

如果长久以来你一直在头脑中保持这种想法，你就会忘记那些对你来说似乎是异常的东西，它很快就会消失，只要你坚信自己和其他人并没有什么不同你就会重新找回信心。

有时羞怯会成为一种疾病，但是这只是一种想象出来的疾病，可以通过将这种想法驱逐出人的头脑并且保持住相反的思想就可以轻易地克服掉，换句话说，就是坚定地认为并没有任何人在看自己，人们都在忙于自己的目标和志向，根本就无暇顾及他。

我认识一个女孩，她已经病入膏肓并且非常绝望，她总是想着自己平庸的相貌和笨拙的行为举止，她已经处于精神崩溃的边缘。她极度地敏感、异常地骄傲，而且当她没有被邀请和她那些更有吸引力的朋友一起去参加聚会或是其他的娱乐活动的时候，她会为那空想出来的一丁点儿事情焦虑得想上很多天。

一位真正的朋友对她伸出了援助之手，告诉她养成更具吸引力的品质完全是可能的，这些品质会比单单外表上的美丽和优雅更受欢迎，而她曾对自己在容颜和举止优雅上的不足如此痛惜。

在她那位善良的朋友的帮助下，她完全改变了对自己的估计；她就像换了一张面孔一样，不再更多地强调外表上的优雅和美丽，不再认为自己是丑陋和令人反感的，相反她坚定地认为，自己就是上帝的思想的表达，在自己的身上有些神圣的东西存在，而且她下定决心要将其展现出来。

她否认了每一条认为自己可能还会不受欢迎的暗示，或者认为自己可能真的很丑陋的暗示。并且她在脑海中始终想象着自己的名气和吸引力，想象着自己会成为一个备受瞩目甚至是令其他人神魂颠倒的人。她不会允许自己还有这样的想法：自己对别人来说毫无吸引力。

她开始用各种可能的方式来提升自己的学识水平。她去阅读那些最知名作家的书籍，她去参加各种不同的学习课程，并且下定决心要利用每一个机会使自己尽可能地充满吸引力。

到目前为止她一直都不再那么关注自己的穿着打扮和行为举止了。她深信自己的穿戴如何或者穿的是什么已经无关紧要，因为自己可能仍然会不受欢迎。她开始尽可能地做到穿着得体、品位高雅。

结果她不再像以前一样，她开始逐渐地在她所到之处吸引一小部分人的注意力。她成为了一名出色的健谈者，并且使自己的方方面面都是那么的引人关注，因而她就和那些她经常羡慕的更有吸引力的女孩一样经常得到邀请。在很短时间之内，她不仅克服了自身的不利条件，并且成为了她所在的圈子里最有影响力的女孩。

她所肩负的任务并不轻松，但是她带着极其坚定的决心和勇气克服了这些曾经一直压制着她的东西。在她毅然地努力去克服被视为是自己的致命缺陷的过程中，作为赏赐，她被赋予了培养那些优点的能力，这种优点远远补偿了她不曾得到的美丽相貌。

通过在脑海中一直保持我们想要得到，或是想要成为的样子的影像，通过为了得到它而作出的艰苦努力，我们产生了怎样奇妙的变化啊！这种变化会有一种奇妙的力量，能吸引来我们想要的东西，并且把我们的所见变成真正的现实。

一个人的受欢迎度以及在社交场合里的成功与他说话的声音有着很大的关系。这世上没有哪样东西能像温柔甜美的、被调制过的、有教养的声音那样，能够清晰地标识出一个人的教化、修养和高尚的程度。

"把我和许多不同的人关在一间漆黑的房间里，"托马斯·温特沃斯·希金森说道，"接下来根据他们的声音我就能够挑出那些和善文雅的人"。

据说在埃及的早期历史中只有书写出来的辩护才允许出现在法庭上，以免审判席上的法官会被人类声音的雄辩影响和支配。在宣布审判裁决的时候，首席法官，带着真理女神的画像，仅仅是沉默地触摸着受审判的人。

想想人类声音那不可思议的力量，我们的孩子在家中以及在学校的时候他们的声音没有经过良好的教养，难道这不是种羞耻，甚至可以说是犯罪吗？一个聪明的、充满希望的孩子受到了良好的教育，却形成了生硬的、粗糙刺耳的、鼻音很重的、令人讨厌的声音，这种声音会阻碍他一生的发展，看到这样的事情发生难道不让人为这个孩子感到可怜吗？想想这对于一个女孩来说是多么大的障碍啊！

但是在美国，人们会发现那些从中学、大学毕业的男孩女孩们，本应该在学校里学习如何创造最美好的生活，却学习了已经无人使用的语言、数学、自然科学、艺术以及文学，然而他们说话的声音却刺耳难听、鼻音很重，令人厌恶。

许多杰出的年轻女性，她们从大学毕业获得了学位，然而她们的声音却极其难听刺耳，结果敏感之人几乎无法与她们进行交谈。

还有什么事物能够像经过适当的调节和训练的人类的声音那样如此吸引人、如此有魅力？听到发音清晰、干净利落、如同流淌出来的音符的声音真的是一种享受，这种声音就像是神赐的乐器发出的天籁之音。

我认识一位女士，她的声音非常有魅力，无论走到哪，无论她什么时候说话，每个人都会仔细倾听，因为大家无法拒绝这样优美的声音。单单是她的声音就能征服一个人。她的相貌平平，甚至可以说有些丑陋，但她的声音非常完美。这种声音的魅力令人无法抵挡，这展示了她的良好教养和人格魅力。

我曾经在一些交际场合听到了一些女性音调极高的话音，那可怕的刺耳声刺激着我的神经，使我感觉极不舒服，因此我不得不一次又一次地远离那种声音的影响范围。

纯净的、低音调的、经过训练的声音对于大多数人来说是笔非凡的财富，尤其是对于女性，那种声音吸收进去的是修养和高雅，散发出的是干净利落的词汇和句子以及有着清晰发音的完美音节，这种声音抑扬顿挫，甜美声调令人着迷，能够表达出人的灵魂。

第六章

机智创造的奇迹

机智是一种极其细微的能力，这种能力很难培养，但是对于一个希望能尽快并且顺利地融入这个世界的人来说绝对是一种必不可少的能力。在某些天才都无法驾驭的领域内，机智老练仍然可以很容易地控制人们。

天赋很重要，但是机智才是最重要的东西。天赋比不上机智，无论在什么地方我们都会看见它的失败。在生活的竞赛中，常识拥有着通行权。

机智是一种极其细微的能力，很难去给它下定义，也很难培养这种能力，但是对于一个希望能尽快地并且顺利地融入这个世界的人来说绝对是一种必不可少的能力。

有些人拥有了这种微妙的感觉，很大程度上是因为他们从来不冒犯别人，而且他们会说每一样他们想说的事情。他们看上去并不约束自己，并且说着不会有任何损失的话语，这些话倘若由别人说出来的话，就一定会造成致命的冒犯。

另外，某些人，不管他们说什么，看起来似乎都不可避免地激怒其他人，尽管他们是出于好意。因为不能让自己适应周围的环境，这样的人过着受人误解的生活。由于总是不能清晰地表达自己的意图，他们在人际交往中处处碰壁。他们总是在不经意的情况下造成了对别人的伤害、揭露别人的缺点或是痛处。他们总是出现在错误的时间并且做了错误的事情。他们从来都没能抓住绳子正确的一端，因而那混乱的一团乱麻不可能被解开，但他们越是去拉这条绳子，就越会让这些绳子缠结在一起。

谁又能估计出由于缺少这种机智给这世界造成的损失——愚蠢的错误、过失、疏忽、堕落，这些给人们造成的致命伤害，因为他们不知道如何在正确的时间做正确的事情！时不时我们就会看见一些杰出的能力被浪费掉，或者得不到有效的运用，因为人们缺少这种无法定义的、细微敏锐的品质，也就是我们所说的"机智"。

可能你接受过大学教育，可能你在自己的专业领域内接受过相当珍贵的培训，可能你在某些方面有着非凡的天分，然而还是不能在这个世界自由翱翔。如果你适当地机智一点，并且拥有一种和坚守相结合的天赋，你就会很快得到提升，甚至可以一步登天。

不管一个人所拥有的能力多么强大，如果他缺少了机智来指导他的能力有效行使，在正确的时间说该说的话、做该做的事情，他就不能使自己的能力发挥得更有效率。

与那些拥有强大的能力但却缺少了一分机智的人相比，成千上万的人仅凭着一点点能力和更多的机智取得了更大的成就。

无论在什么地方我们都会看到有些人将自己绊倒，失言伤害到友谊、顾客、金钱，仅仅是因为他们从来没有去培养机智这种能力。商人会失去顾客、律师会失去有影响力的客户、医生会失去病人、编辑会损失预订者、牧师会在讲道坛上失去他们的能力并且对公众的权威影响、教师会丢掉他们的工作、政客会失去他们对人民的控制，这些都是由于缺少机智造成的。

机智在商业贸易中是笔巨大的财富，尤其是对于商人来说。在一座大城市里有着上百家企业，这些企业都在努力吸引顾客们的注意力，机智就起到了非常重要的作用。

一位杰出的商人将机智放在他成功秘诀的最顶端，其余的三样东西：是要有热情、通晓商业贸易知识、着装打扮。

下面的这一段话，出自一封某位商人派发给他的顾客的信件，这是一个非常典型的能够精明地使用商业机智的例子。

"我们应该感谢任何一条对于在以前同我们之间的贸易往来不满意的信息，我们可以立刻采取措施来补救它。"

想想那些富有的主顾们，由于柜员们缺少机智圆滑而最终被银行赶了出来！

如果一个人希望在自己的事业或专业内获得成功，他就必须要有能力获得同伴的信任以及具备结交忠贞不变的朋友的能力。好朋友会利用一切机会赞扬我们的书籍，"大声地谈论着"我们的陶瓷制品，在法庭上详述我们最新接到的诉讼案，或者是详述我们在治疗病人时的效率，当我们被诋毁时他们会保护我们的名誉，并且会指责那些中伤者。如果没有机智，我们根本不可能阻止朋友提供上述的帮助。

一个能力普普通通的年轻人凭借自己令人惊奇的机智老练在美国参议院获得了一个席位。

有很多绅士淑女被抑制住，被阻止了前进的步伐，因为他们不能够和其他人很好地相处。他们不停地激怒惹恼其他人，依旧持续着自己的偏见。他们不能与其他人协同合作。这样所带来的结果就是他们只能孤军奋战，并且会失去团结协作的力量。

我认识一个男人，经过多年来费力艰辛的生活，他所有的努力成果差不多都因为缺少机智老练而被毁于一旦。他不能和其他人共事。他似乎拥有着每一项能使自己成为一位伟人、一位人中领袖的必要条件，但是招怨其他人却使得他的生活步履维艰。他总是做错事、说错话，不经意间就伤害了其他人的感情，抵消了他工作努力的成果，因为他根本不能理解机智这个词语蕴含的意思。他总是不停地冒犯别人。

我们都认识这样一些人，他们对说自己想说的话、直言不讳感到非常地得意。他们认为那是诚实，那是人格力量的一种标志，并且认为"旁敲侧击"和依靠交际手段与人打交道是种懦弱的表现。他们信奉"直截了当""按照事物的正确名字来召唤他们"。

这些人从来没有获得过太多的成功。人们相信他们是诚实的，但是由于缺少机智、良好的判断力以及优秀的理解能力，他们难以把事情做好。他们不知道如何处理人际关系——不能与其他人共处，并且总是"处于水深火热之中"。

事实是，我们都喜欢被人关心、被人奉承一些，而且喜欢和那些善于使用交际手段的人打交道。总而言之，交际手段可以浓缩为一门"人之常情的艺术"。

直言不讳是种我们所有人都不喜欢、不欣赏的品质。那些以直率坦言为荣的人，通常不会有很多朋友，也不会有很多非常大的生意或是成功的事业。通常情况下那些会伤害到其他人的事实还是不要说出来为好。

马克·吐温说过："事实如此珍贵，使用之时应倍加珍惜。"

"一个人可能没有太多的学识或智慧。"爱迪生说，"但是如果这个人懂得人情世故并且为人友善，就会比不谙此道的人更能博得他人的好感，即便那些不谙世故之人拥有更多的学识或智慧。"

"一点点管理可能经常会遭到抵抗，巨大的力量可能徒劳地用在克服这种抵抗上。"另一位作家说道。这里再一次引用一句话："一个机智老练的人不仅仅会将他所熟知的东西发挥得淋漓尽致，甚至许多他所不知道的东西也是一样，机智之人善于隐藏自己的学识浅薄，书呆子则只顾展示自己的博学多才，因此机智之人会赢得更多的赞誉。"

当法国大革命进行到最高潮的时候，激动的民众如潮水般涌向巴黎的街头，一支分遣部队挤满了其中的一条街道，正当指挥官命令他的士兵们向人群开枪时，一位陆军中尉请求去呼吁民众冷静下来。中尉骑行在士兵队列的前面，他摘下了自己的帽子然后说："绅士们，请你们马上撤离，我奉命来此击败暴民。"民众们立刻四散开来，就好像有着魔力一样，在兵不血刃的情况下，街头又恢复了往日的宁静。

在美国内战期间，林肯的机智老练让自己和其他政客多次化险为夷、转危为安。事实上，如果没有机智和老练，战争的结果很可能会判若云泥。

"机智几乎总是夹杂着几分幽默，使得即便机智中带着些许强制，也会因友好幽默气氛而化解。当别人劝我们去做了自己后来认为完全正确的事情，想到当时做事时的得心应手，我们常常会情不自禁地会心一笑。在使用这种机智老练的时候，没有必要使用任何欺骗的手段，只有合理地劝说，才会有效地吸引犹豫不决之人。'机智'就是一门在紧要关头作出正确事情的'艺术'。"

有人曾经说过，"每条鱼都有自己的饵料"。就如同每条鱼都有自己的饵料一样，每个人都可以在适当的地方被其他人感动，只要那些人有着足以触动他的机智老练，不管他是多么地古怪奇特，人人皆可与之沟通。

一所公共学校的一位老师因为一些小毛病斥责一个八岁大的爱尔兰小男孩。在老师说"我看见你那样做了，杰里"时，小男孩本打算拒绝承认这些错误的。"是的，"小男孩灵机一动地回答道，"我告诉他们没有什么东西是你用那俊秀的黑色眼睛看不见的"。

机智老练的人通常很容易就能交到朋友，因为他们在吸引他人的注意力以及诱使他们表达出自己最美好的一面上有自己的一套。我们总是赞赏那些对我们的事情给予关心的人，赞赏那些永远不会尝试着去谈论自己和自己兴趣的人。

在威廉·佩恩①前去拜访查尔斯二世的时候，按照贵格派教义，

---

　　①　威廉·佩恩（William Penn，1644—1718），英国房地产企业家、哲学家，宾夕法尼亚英属殖民地的创始人。他推崇民主和宗教自由。在他的领导下，费城进行了规划和建设。1682年，约克公爵詹姆斯，未来的詹姆斯二世将属于他的大片土地交给威廉·佩恩。这片土地，包括现今的宾夕法尼亚州和特拉华州。佩恩立即航行到美洲的纽卡斯尔（特拉华州），殖民地居民宣誓效忠于他们的新主人佩恩，此殖民地举行第一次大会。之后，佩恩沿河向上，创建了费城。然而，佩恩的贵格会政府并不被现在特拉华的荷兰，瑞典和英国定居者看好，他们没有效忠宾夕法尼亚的历史，因此他们几乎立即开始请愿自己举行大会。到1704年，他们实现了自己的目标，宾夕法尼亚州最南端的三个县获准脱离，成为新的半自治的下特拉华殖民地。纽卡斯尔是新殖民地最突出的，繁荣和有影响力的"城市"，成为首府。佩恩是英属北美殖民地统一的早期支持者之一。他在宾夕法尼亚政府体制（Frame of Government）中规定的民主原则，成为美国宪法的一个灵感来源。作为贵格会和平主义者，佩恩深入研究战争与和平的问题，并制订了欧洲合众国计划。威廉·佩恩也是一位虔诚的基督徒和有远见的哲学家，他曾说："如果我们不愿受治于上帝，则我们必受治于暴君。"

他没有摘下帽子。但是这位乐天派的君主，并没有发脾气，而是摘下了自己的帽子。"查尔斯朋友，请戴上您的帽子"这位地位尊贵的朋友说道。"不，佩恩朋友，"国王回答，"只有一个男人戴着帽子站在这儿才正常。"

在爱德华国王还是英国王子的时候，他就已经是全英国最受欢迎的人，因为他从不缺少机智老练和温文尔雅。

有一些人似乎永远都学不会机智老练，因为他们不会欣赏机智时的那种微妙情形。他们往往冷淡无情、麻木不仁，根本不理解那些对事物敏感、十分在意自己的人们。

一位曾经去乡下做客的女士给女主人写信说，她的这次拜访过得很愉快，并写道，她现在很好，只是手上被蚊虫叮咬已经肿了。她还写道，再次回到舒适的浴室真好！

有人曾经说过："所有成功的秘密在于要对所有在我们周围发生的事保持敏感，在于让自己适应周围的环境，在于同情心和乐于助人，在于知道什么是当务之急，在于对朋友倾吐他们想要听到的话语，他们需要听到的话语……"只做了正确的事情还是不够的，正确的事情需要在正确的时间和地点完成。

机智老练是由好脾气、迅捷的才智、感觉上的敏锐性，以及立刻接受偶然的突发事件的能力组成的。这其中所包含的绝对不应该是令人不快的冒昧，而是能够将怀疑猜忌舒缓镇定下来的安慰剂。机智老练应该是值得赞赏的。机智老练是一种光明磊落的巧言巧语，它尊重对方的感受，没有显露丝毫的自私自利。机智永远不应该包含敌对，永远不应该触犯他人，永远不应该包含激怒。

就像得体的举止能够使前方的道路变得轻松易行一样，机智老练能够从震动之中提取出嘈杂声；能够润滑轴承，打开对其他人紧闭的大门；当其他人必须在接待大厅中等候的时候却能够坐在客厅里；在其他人遭到拒绝时却能够进入私人的办公室。即使你穷困潦倒，机智老练仍然能够使你获得许可进入专有的区域，在这个专有区域里存在着大量的财富。当人的优点遭到拒绝的时候，机智老练可以守卫住你的地位和身份。

机智老练是一位非常优秀的当家人，即使与一些能力不是很强的人相结合，在某些天才都无法驾驭的领域内，它仍然可以很容易地控制人们。

对于一位女士来说，拥有了机智老练，即使是才能平庸，也仍然能够成为社交界中的领导者并且会对那些政治家和各行各业中才华横溢的人们产生重要影响，然而另一位在才能天赋上面要比她强非常多的女性却仍然默默无闻，看上去没有任何的影响力，因为她缺少了这种细腻微妙的品质。

我曾经拜访过一个家庭，妻子履行着的义务在我看来几乎是每天都在发生的奇迹。丈夫总是会手拿文件急冲冲地过来吃早饭，总是会因其使人困惑的事业和随后在俱乐部里的几个小时而抱怨连连。他是一个神经质的人，似乎任何东西在清晨都会激怒他。在早餐时间他总是会迟到，而且如果有一样东西没有立即准备好，像滚烫的茶水，他都会火冒三丈，要不是他的妻子不可思议的机智，这些举动就会打破这个家庭整天的安静祥和。仆人们提心吊胆地站在主人的身边，因为害怕主人舌头被烫伤，害怕他的火暴脾气。沉着、安详、仁慈的妻子通常都能够化解这样的危机。不管问题出在哪，依靠着奇迹般的机智和温顺她都能够摆脱困境，平息这场暴风雨。如果丈夫对咖啡不满意，她就会立刻端走他的杯子，走进厨房，几分钟之后，端着一杯刚刚沏好的，美味可口的搅成乳浆状的沸腾的热茶回来，这会暂时使她脾气暴躁的丈夫安静下来。

这个男人有时会愤怒地将不合他口味的食物扔出餐厅。但是耐心的妻子会找到些借口，像她的丈夫的事业正处在艰难时期，还有他最近几年身体一直不太健康。

有时他是那样地飞扬跋扈，仆人们威胁说要立刻离开，但是这位妻子用她那机智老练的风格平息了这些风波。

她似乎总是能够处理各种突发事件，而且通常能够平息各种风波，将温顺和亲切的油料倾倒在充满麻烦的水面上。她操持着整个家庭就像一束阳光，到处散发出光明、热量和美丽。

许多病人因为医生或者病人家属缺少机智老练而失去了生命。即使不接受任何药物治疗，病人也应该从医生的探视中有所收获。而医生的生活里应该充满快乐、活泼开朗，并且精力充沛地对待生活，这样他才能使病人更加振作高兴，给予病人以希望和鼓励。一位脾气不好、整天哭丧着脸、不机敏的医生并不是一位优秀的健康修复者。只有那些幸福快乐的人才会对患上了不幸的疾病的人们有所帮助。医生的个性魅力与其事业成功与否，与其病人康复的机会有着莫大的关系。

凡是能使人沮丧并且失去信心、带走希望的东西都应该远离病人。医生的探视应该成为一种鼓励的信号。希望和信任应该跟随着医生一同到来。医生应该播撒欢乐、鼓励。冷漠粗鲁的医生对于任何团体来说都是灾难。事实上，医生的个人品性以及他的机智老练通常要比他的治疗措施重要得多。

某些医生过于严谨、不讲策略，因而当他们认为患者无法康复的时候，就必须要对患者说出实情，而不是让患者享受尚未确定带来的益处，因为每一位医生都知道，只要有怀疑存在，病例就几乎总是会发生转变。通过帮助人们顺利地渡过难关，令人愉快的鼓励已经挽救了很多生命，然而真相可能已经导致了很多病人的死亡，抑或降低了他们康复的力量使他们又回到了危险的边缘。在所有与生命有关的事情中，在讲述可怕的事情的时候，残忍的直白将会引起数不清的苦难，也破坏了很多友情。

实际上拿破仑在谈话中的粗鲁野蛮和自私自利吓坏了很多女士。

有一次，当着很多朋友的面，其中的很多宫廷贵族名媛非常羡慕雷诺特女士，拿破仑对这位当时最美丽动人、最高雅的女士说道："你知道吗，女士，你老得太可怕了？"雷诺特女士当时只有二十八岁，带着自身散发的高雅回答道："要是我真的到了受衰老折磨的年龄，听到陛下所言，我会很难过的。"

有一次拿破仑被引荐给一位他非常想要见到的女士，他说："为什么，他们告诉我你非常漂亮。"

有很多这样的人，他们不会去迁就那些无法引起他们兴趣的人，也不会设法使自己与其成为同道之人，显示了其在机智老练方面的缺失。如果一个人有着任何会冒犯触怒他们的习惯或是怪癖的话，他们就不愿与其交往并且会毫不犹豫地表现出对那个人的厌恶。如果他们被迫与自己毫无兴趣的人为伍，他们要么会用冰冷的漠不关心冻结住他，为的是切断所有的交际往来，要么让他在某些方面感觉到非常不舒适。

在这世界上，最好的修养磨炼是：强迫自己对所厌恶的人施之以友善，并且强迫自己成为他们所感兴趣的人与强迫自己成为一个善于交际的人以及对那些我们毫不关心的人产生兴趣相比，没有什么更好的修养磨炼了。人们能够寻找到乐趣，甚至是在那些起初对我们有些排斥的人身上，这真的很令人感到惊奇。对于一个充满才智、有教养的人来说在每一个人身上寻找到真正的乐趣并不困难。

事实上，我们的偏见通常会非常肤浅片面，而且时常是基于糟糕的第一印象产生的，因而我们经常会发现那些起初排斥我们，看上去并不是非常有吸引力，而且和我们不会有任何的共同点的人最终却成为了我们最好的朋友。

我们都是有偏见的人，从以往的经历中我们可以得知，即使是那些我们通常认为是和蔼可亲的人也经常会判断不公，而这些人不喜欢我们的原因仅仅是对我们不了解。由于一些糟糕的印象或是草率的意见这些人就对我们抱有偏见，但是当这些人对我们有了更深入的了解之后，偏见就逐渐地减少，他们就能够欣赏到我们的优点了。

某位作家曾经这样描述和机智老练有关的品质。

这是关于人类的天生品性、恐惧、懦弱、期望和爱好的共识。

这是一种将自己置身于他人的位置之上，然后就像这件事是发生在自己身上一样去考虑事情的能力。

这是一种拒绝使用那些可能会徒然冒犯到其他人的想法的表达方式的宽宏大度。

这是一种能够迅速地察觉到什么是权宜之计的能力，这是一种做出必要的让步的意愿。

这是一种真实的善良精神，即使是仇敌都会成为你天生的信誉的受恩人。

这是对于在各种情况下什么是惯例的认识，以及对于所处情形的亲切的认可。

这是一种温顺、高兴以及真诚的表现。

有一些人是色盲，他们丝毫不能分辨那些细微的色彩变化。同样，许多人是机智盲。

"无论如何都不要间接提到今天即将执行的死刑，"一位缺乏机智的人的妻子在他们去参加一次午餐会的途中说道，"参加午餐会的人们都是H小姐的远房亲戚——尽管他们都不谈论堂亲关系"。

只要这位缺乏机智的男人能记住他妻子所说的话，一切会都进行得很顺利，但是在这次拜访活动结束之前他打破了令人难以忍受的寂静：

"好吧，我想H小姐-——现在已经被吊死了。"

机智老练的人们第一次和我们相遇的时候，他们会试图找出我们会对什么感兴趣然后就开始谈论那个话题。他们不会谈论他们自己或者他们在做什么，因为他们知道没有什么东西会像你自己的东西，或者沿着你自己的意愿进行下去的谈话那样让你产生兴趣。相反，笨拙不机敏的人们总是在谈论他们自己感兴趣的东西而且通常这些东西会成为陌生人讨厌的事物，即使对他们的朋友来说也是一样。

令其他人对自己产生兴趣是一种非常重要的技巧，这种技巧能够迅速地引起共鸣，那样在初次介绍的时候你就会使陌生人感觉到你们之间存在着共同点。据说漂亮女性的名望的检验标准是她看上去属于每一个人。

初次与机智老练的人相见是多么轻松愉快啊！不管是在多么令人窘迫或是勉强的场合里，他们都会立刻让我们置身于轻松愉快的气氛之中。他们会使我们感觉完全像在家里一样。机智老练的判断标准是：你能够将胆小羞怯、没有什么社会经验的人们立刻轻松下来。不要在意你知道什么。不要试着用你在某一专业方向上渊博的知识去迷惑其他人。就试着去找寻出什么会使其他人感兴趣吧，然后让他们感觉到舒适安乐、无拘无束。

第七章

"我有一个朋友"

拥有大量忠诚可靠、真实的朋友是一件美丽的事情。朋友的信任是永恒的动力，当我们感觉到在其他人误解、斥责我们的时候，有那么多的朋友真正地相信我们，朋友的信任会激励我们拼尽全力！

啊，友谊！世间万物中最珍贵稀少的，因而也是最难得的，因为大多数优秀的人才对于苦难和不幸的安慰总是很温和，他们对于成功幸福的忠告建议始终都是重要的财富。

——利利

"我有一个朋友！"在这世界上还有什么东西能比拥有知心、忠诚、乐于助人的朋友的感觉更加美好的吗？朋友的奉献帮助丝毫不会受到我们是否拥有大量财产的影响；朋友在我们处于逆境中时给予我们的爱甚至要多于我们处于顺境时。

在美国内战刚刚爆发的时候，当时正在讨论个别的总统候选人的选举资格，在林肯被提到时，有人这么说："林肯一无所有，有的只是很多朋友。"

确实是这样，林肯确实很贫穷，而且当他被选举为其所在州的议会议员时，他是借钱才买了一身衣服，为的是外表上能得到别人的尊重，并且他是走了一百多公里去赴任的。同样可以称为历史上的伟大事件的是，在他被选举为美国总统之后，他又是借钱才能够将家搬到华盛顿，但是这位传奇式的人物在友情方面是多么富有啊！

朋友是安静无声的搭档，每一个朋友都会关心留意每一件能使其他人产生兴趣的东西，每一个人都在试着帮助其他人通向生活的成功之路，留下美好印象，支持朋友身上最美好的事物而不是最糟糕的，试图帮助其他人去做他们正在努力奋斗的事情，为发生在朋友身上的每一件乐事而欢欣鼓舞。没有什么能比朋友的忠诚和奉献更加崇高、更加美丽！

即使是才能非凡的西奥多·罗斯福，要不是他朋友的强有力、持久热情的帮助，他永远都不可能完成任何与其自身的价值相当的事情。要不是他的那些朋友的忠诚，他是否能当选总统都不好说了，尤其是那些他在哈佛大学读书时结识的朋友。数百名同班同学和校友都在为他努力奋斗，在他成为纽约州州长候选人和美国总统候选人时都是这样。他在"狂野骑士"中那些极其热心的朋友在他的总统竞选过程之中在美国南部和西部数万个投票点中支持着他。

有些朋友总是在留心我们的兴趣，时时刻刻在为我们工作。任何场合下都为我们说好话，支持鼓励我们，在我们缺席某次活动并且需要朋友的时候总是会为我们说话，保护着我们的敏感、脆弱，制止诽谤诋毁，扼杀一切可能会伤害到我们的谎言，纠正错误的印象，试着帮助我们走向正轨，克服由于某些错误或是疏忽产生的偏见，以及我们在某个愚蠢的瞬间给人留下的糟糕的第一印象。总是在做着某些能够对我们的提升有所帮助的事情，仔细想一想，拥有这样的朋友意味着什么！

多亏了朋友的帮助，不然我们大多数人的抛头露面将会多么令人沮丧啊！多亏了我们的朋友将那些冷酷无情的打击排除掉，不然我们大多数人的名誉将会遭受到多么严重的损坏和诋毁，他们所拥有的治疗安慰剂适用于这世界上所有的伤痛！要不是那一大群经常会介绍给我们顾客、客户和生意的朋友，要不是那些任何事上总是能够力挽狂澜的朋友，我们多数人在经济上也可能会更加贫穷。

啊，通常来说朋友对于我们的弱点、癖好、缺点和失败来说，我们是受益匪浅啊！他们将宽容博爱覆盖在我们所犯下的错误、缺陷上，这是多么伟大啊！

一个人在朋友的缺点或是伤疤前面放下帘幕为其遮挡，为朋友遮挡来自那些自私无情的人的猛烈抨击，将朋友的缺点默默地掩埋起来，以及高度赞扬朋友的品行，还有什么能够比看见这样的事情更加美好的吗！我们会情不自禁地赞赏这样的人，因为我们知道他是一位真正的朋友。

在这世界上还有比朋友这个职责更加神圣的吗？我们之中有几个人又能够真正地理解，因另一个我们一直保持着友情的人而闻名意味着什么？我们所发送出去的报告，我们对另一个人的估计，可能已经在很大程度上影响了别人的成功或失败。那些我们没有任何异议准许通过的丑闻可能会毁坏别人一生的名誉。

我所知道的最感人的真正的朋友，是支持那些并不是自己朋友的人——那些人失去了自尊、自制，而且已经降低到了毫无理性的地步。啊！这的确是真正的友谊，当我们都不会和自己站在一起的时候，真正的朋友会和我们站在一起！我认识一个人，他就是这样支持着一位被酒精奴役并且犯下了各种罪恶，甚至已经被家人扫地出门的朋友。即使他的父母妻儿都放弃了他，这位朋友依旧忠诚。夜晚，在他放荡堕落的时候，他的这位朋友就会跟着他，而且很多次在他大醉得连站都站不直的时候将他从被冻死的边缘上拯救过来。有许多次这个人离开自己的家走进贫民窟去找寻他的朋友，将他从警察的手中接管过来，为他遮风挡雨，这种伟大的爱和奉献最终挽救了这个堕落的男人，并且将他送回到了庄重体面的生活和他的家庭。金钱是万万不能衡量这种奉献的价值的！

许多人为了热爱、信任自己并且慧眼识人的朋友而备尝艰辛并且忍受艰难困苦、攻击责难，希望能够获得最后的胜利，如果他只考虑自己的话，他就会不做任何努力直接放弃。

朋友的信任是永恒的动力。当我们感觉到在其他人误解、斥责我们的时候，有那么多的朋友真正地相信我们，朋友的信任真的会激励我们拼尽全力！

悉尼·史密斯[1] 说："生命将会因众多友情而增光添彩，爱与被爱都是着实存在的最伟大的幸福。"

对于一个人，在生意刚刚起步的阶段，还有像拥有众多朋友这样重要的资本吗？对于那些现在已经成功了的人，要不是那些帮助他们渡过难关的朋友的努力，不知有多少人会在他们人生中的一些重大危机面前放弃努力挣扎！如果剥夺了所有为我们做这些事的朋友，我们的生活将会多么荒芜苍白！

如果你在事业上或者生意上刚刚起步，大量忠诚可靠的朋友将会

---

[1] 悉尼·史密斯（Sydney Smith，1771—1845），英国作家、幽默家、圣公会牧师。

给予你坚强的后盾，会给你带来患者、客户、顾客。据说"命运是由友情决定的"。

如果我们能够仔细地分析一下成功人士和那些被所有的同伴都致以崇高敬意的人的生活，那将会非常地有趣，对我们也会有很大帮助，而且能够找出他们成功的秘密。

我曾经尝试着去仔细分析一个人的案例，这个人的经历我仔细地研究了很长一段时间，而且我相信，在他的成功之中至少有百分之二十要归功于他那非凡结交朋友的能力。从少年时代起他就非常专心地培养结交朋友的才能，并且他将人们非常可靠地联系在一起，因而他们几乎会去做任何事情来使他高兴。

当这个人开始自己的职业生涯的时候，在中学和大学期间形成的友谊在帮助他获得地位身份上就有了巨大的价值，这不仅仅涌现出了一些非同寻常的机遇，同时也极大地提高了他的声望名誉。

换句话说，在那么多的朋友的帮助下，他的天生能力已经增加了数倍。他似乎有一种奇特的能力，能够在所从事的每一件事上获得朋友的关心，他们热心地、热情地帮助他，他的朋友们总是在尝试着去增加他的兴趣。

很少有人会去赞扬自己的朋友，然而赞扬自己的朋友，这是人们应该做的。大多数的成功人士认为他们脱颖而出获得成功是因为他们非凡的能力，因为他们战斗过、征服过，而且他们总是自夸所做过的事情和那些令人惊奇的故事。

他们将成功完全归因于自己的敏捷、聪明睿智和敏锐，归因于他们的毅力、进取心。他们并没有认识到那些朋友，时时刻刻都在帮助他们，就像那些没有薪水的旅行推销员一样。

"真正的友谊，"查尔斯·凯尔布·科尔顿[①] 说，"就像是健康的身体，其价值鲜为人知，直到失去了才会懂得。"

朋友的兴趣和支持将会在很大程度上影响你的生活。制定这样一条生活准则：尽可能地奋力攀登，那样才会有更多的选择。尝试着去和你的上级领导结识，不要去和那些仅仅有着大量金钱的人结识，而是要去结识那些在文化教养和自我提升方面有着巨大长处的人，要去结识那些受过更加优秀的教育和见多识广的人，为的就是你能够尽可能多地接受那些对你有所帮助的东西。这将会逐渐提升你自己的理想，鼓舞你去追求更加高尚的东西，使你更加努力地去成为重要人物。

我认识一些年轻人，他们有很多朋友，却不是那种对他们有帮助或能使他们提升的朋友。他们是向下选择的，而不是向上。

如果你习惯性地去和那些在你之下的人结识的话，他们就会逐渐地将你往下拽，降低你自己的理想，降低你自己的雄心抱负。

我们从未认识到自己的朋友和熟人会给我们带来多么深刻、多么精雕细琢的影响。每一个与我们有过接触的人都会给我们留下不可磨灭的印记，而且会影响我们变得越来越像他们的性格。如果我们养成了总是想着要去改善自己的朋友和熟人的习惯，那么我们就会不知不觉地养成不断地自我改善、自我提高的习惯。

伟大的事物都会将生活的标准保持在较高的水平。

---

① 查尔斯·凯尔布·科尔顿（Charles Caleb Colton，1780—1832），英国牧师、作家和收藏家。

积极向上的心态在这方面是有助益的。我们对待朋友不应该气量狭小，也不应该对朋友期望过多。

"多听取些你的朋友的意见，只要你能找得到他们。不要期望能够实践自己的某些理想标准，"一位作家说，"你会发现他们的标准，虽然和自己的有所不同，可能也并不是那么糟糕。"

只通过调查他的朋友就去衡量一个我们从没见过的人是否合格，这是完全有可能的。只通过一个人是否遵守自己说过的话，或者看他是否靠不住或是背信弃义，就差不多地说出一个人有多了不起也是完全有可能的。

注意看那些几乎没有朋友的人。你会发现在他的身上存在一些问题。如果他值得拥有这些朋友，那么他就会获得友情。

"在朋友方面要做个富有的人。"这句话并不是多愁善感的表达，而是有真正的市场价值的。对于那些"在朋友方面富有"的人来说，大门总是敞开着，机遇经常会出现在那些仅仅是金钱上富有的人所触摸不到的地方，而且从来不会被那些居住在无底深渊里悲伤的人听到。

如果一个人没有朋友，那么他的确真的很贫穷！财富成为友谊的替代品，友谊将会是多么富有的一笔财富啊！有很多百万富翁愿意失去他们的财富，来重新获得在他们拼命赚钱的时候因忽视而失去的朋友！

屈指可数的几个人站在一位富翁的至亲家门外，参加他的葬礼，这位富翁不久前在纽约死去。但是几个星期过后，在一间大型的教堂里，人已经挤到了门口，大街被人群挤得水泄不通，这些人是最后一次来向死者表达敬意，而这个人身后连一千美元都没有留下。

后者热爱他的朋友，就像守财奴喜爱金银珠宝那样。每一个认识他的人看上去都像他的朋友。与他对自己在财富上引以为豪的程度相比，他对自己在友情这方面的富裕的自豪程度要多得多。他会把自己最后的一块钱分给任何一个需要它的人。他不会尝试着将自己的贡献帮助以尽可能昂贵的价格卖出去。他把自己奉献给了朋友们——毫无保留地、真诚地、慷慨大方地、心胸宽阔地奉献出自己。在这个人的生活中，对于努力和帮助没有任何限制，没有显示出任何自私和贪婪的东西。成千上万的人应该将他的逝去视为极大的个人损失，这还有什么值得惊奇的吗？

塞尼卡[①] 说过："对于友情，一定不要有任何的保留，在同盟罢工之前按照你自己的意愿尽可能多一些深思熟虑，但是在罢工之后就不要怀疑或是提防猜忌……考虑友情是需要时间的，但是一旦下定决心就赋予了他进入我的内心的权利……友情的意义就是拥有一个对我来说比我自己还珍贵的人，并且为了挽救这个人的生活，我情愿放弃我自己的生活，我一直持有的观点就是只有明智的人才能成为朋友，而其他的人仅仅是同伴而已。"

只有将友好的、有帮助的贡献奉献给他人才会发现这些真谛。这是能结出丰收果实的播种。那种极力索取却不付出的人不可能成为真正富有的人。他和有一种农民非常相像，他太过重视自己本该播撒的

---

① 塞尼卡（Lucius Annaeus Seneca，公元前4—公元前65年），古罗马时代著名的科尔多瓦斯多亚学派哲学家、政治家、剧作家。曾任尼禄皇帝的导师及顾问，62年因躲避政治斗争而引退，但仍于65年被尼禄逼迫，以切开血管的方式自杀。代表作：《对话录》《论怜悯》《论恩惠》《书信集》《天问》等。

玉米种子并且把种子都保存起来，他认为如果把种子保存起来的话，他会更加富有。他没有将种子播撒到土壤之中，因为他从种子的身上看不见丰收。与其说这是一个关于我们在这世界上已经独自前行了多远的问题，倒不如说是一个关于我们已经帮助了多少人获得成功的问题。

也许曾经居住在美国这片土地上真正富有的人是亚伯拉罕·林肯，因为他将自己奉献给了他的人民。他不会尝试着去将自己的努力卖给出价最高的人。巨额的酬金对他来说没有任何吸引力。林肯永世长存，因为他考虑得更多的是他的朋友——而且所有的国民都是他的朋友——并且考虑的比关于他的袖珍图书里写的要多。他将自己奉献给祖国，就像农民将种子播撒到土壤里，那样的播种将会收获多么丰硕的果实啊！其极限也是没有哪个人能够看得见的。

我们紧张艰苦的美国式生活，最让人感到悲伤的一幅场景就是我们对于金钱的追逐屠杀了友情。

在我们这个国家里，紧张忙碌、令人兴奋的生活对于建立真正的友情并不会有什么帮助，就像在其他异域国家里的情况一样。我们没有把时间留给结交友情。广阔的资源和不可思议的机遇往往会产生异常的野心抱负。丰厚的物质奖励吸引着我们自私的本性，吸引着我们身上存在着的劣根性，而且我们总是在以令人筋疲力尽的速度行进，因而不可能花费一丁点儿时间去培养友情，除了结识那些能够帮助我们达成目标的人。

由此所产生的结果便是，我们美国人会有很多非常容易相处的熟人，对我们有帮助的熟人，对我们有好处的熟人，但是相对来说我们几乎没有什么真正的朋友。

事实上，大量的物质回报极其不正常地发展出了一些非常不受欢迎的品质，阻碍了我们多数人理想的品质的发展并将其逼向绝境，使得我们变得片面不公。

为了"分泌"出金钱，在我们的大脑中已经变异出了一种财富腺体，并且，在这个演变过程之中，我们失去了那些有价值的东西。我们已经使友情变得商业化，我们的能力、精力、时间都是这样。可能任何事情都被变成了金钱；其结果是我们得到了金钱，但是我们多数人除此之外就一无所有了。

成千上万的富翁在他们自己的生意圈之外都是无关轻重的小人物。他们并没有充分发展自己更加高级的脑细胞，也没能够改善自己，使自己成为顶级的男人。他们是一等一的赚钱工具，然而其他事情只能排在二流或三流水平上。他们以金钱来衡量每一件事——他们的友情，他们的影响力，他们的毕生事业——每一件事情都可以换算成美元。

在这世界上还有什么事情会比拥有大量财富而实际生活中却没有任何朋友更让人战栗发抖？如果我们牺牲了友情，如果在通向成功的道路上我们牺牲了生活之中最神圣的东西，我们所说的成功会达到怎样的地步呢？我们可能会有很多熟人，但是熟人并不是朋友。今时今日在我们这个国家里有很多富人，但他们并不知道真正的友情的奢华。

有一种东西我们将它称作友情，只要我们一帆风顺并且拥有任何能够提供金钱或者影响力的东西，它就会一直追随着我们，但是当我们失意的时候它就会舍弃我们。华盛顿说过，"真正的友情是一种生长缓慢的植物，而且在它配得上这个称号之前一定要经历过并且经得住苦难的打击"。

我认识一个人，他曾经认为自己在真正的友情方面是异乎寻常地富有，但是当他失去了金钱以及由金钱所带来的大部分影响力的时候，那些从前在表面上对他很忠诚的人都背弃了他，对于他们的叛离这个贫穷的人非常痛苦和失落，他几乎失去了稳定的情绪。

但是一些真正的朋友在他遭受打击的时候对他不离不弃。在他的家庭和事业通通失去的时候，他的两位老仆人从储蓄银行里取出了所有存款并且坚持让他拿着这些钱去东山再起。一位曾经为他工作的工程师在他遭受打击的时候仍然忠诚于他并且借给了他所拥有的钱。通过这些真正朋友的无私奉献，这个人很快地恢复了地位并且在相对较短的时间之后他又成了富翁。

永远不要相信那些利用友情的人，永远不要相信那些将友情当作宝贵财富来使用的人，永远不要相信那些在友情里还能看得见资本的人，因为他们会为了自己的利益而去利用你。从来没有什么时候会像现在这样有那么多为了个人利益而去利用自己的朋友的事情。

珍视朋友的人应该非常关切自己与朋友间的生意往来，并且向朋友借钱的时候应该尤为注意。有些人几乎可以为我们做任何事情，而且在不失去他们的信任或者友情的情况下，我们几乎可以向他们寻求任何帮助，除了借给我们钱，这是人类本性之中最非同寻常的一个特征。

在我们中间有那么多人会为自己向朋友借钱那一天而后悔万分，因为即使没有任何阻碍地借到了那笔钱，从此之后也不会再有同以前一样的感觉了。有些人决不可能在借给其他人一些钱之后而不轻视他们。其实不应该这样的，但事实就是这样。有的人几乎可以原谅任何事情，除了对于金钱或是物质援助的请求。这多少会和一般的友情不相协调。你可能会说，真正的友情是不会这样简单就丧失了的，但不幸的是我们大多数人所拥有的全部都是令人感到悲伤的经历。我们可能会获得金钱或是帮助，但随之带来的结果是我们和朋友之间的关系有些疏远，甚至有些扭曲。

现在出现了一种新型的友情，这种友情越发地流行起来，即所谓的商业友情，这种友情意味着从金钱上获益。其动机是自私的，因而这是一种非常危险的友情。说它危险是因为这种友情会非常逼真地模仿真正的友情，因而想要区分真正的朋友和虚假的朋友是件非常困难的事情。

我认识一个男人，他完全缺乏结交真正朋友的能力，可是为了商业目的他是那么专心地培养自己与别人的友情，把友情培养到可以用来帮助他达成自己的目标，因而他看上去对每一个人都非常地友善，并且第一次与他相见的陌生人经常会认为他又结识了一个朋友，但如果他认为那是有利可图的话，一有机会他就真的会毫不犹豫地牺牲这位陌生的朋友。

对这个透过自私的眼睛看待一切事物的男人来说，成为哪个人的朋友都是不可能的。

在纽约和一些大城市里有许多这样的人，他们依靠友情从事着经营贸易活动。他们拥有奇特的吸引人心的力量，可以迅速地牢牢吸引住人们，但他们总是在编织着自己的蜘蛛网，并且在受害者知晓这件事之前，他们就会发现自己已经无望地陷入其中。

一个人所做的最卑鄙的一件事就是把其他人当作自己爬向垂涎已久的地位的阶梯，然后在他获得了这个地位之后，就会一脚踢倒这个阶梯。因为在友情之中有利益可图，友情能够增加贸易往来，能够带来好处，提高人的影响力和信誉，能够带来更多的客户、患者、顾客，因为这些原因而去养成结交朋友的习惯是危险的，因为这种习惯往往会扼杀结交真正朋友的能力。

拥有一些为了我们自己的好处而爱护我们的朋友是件多么快乐、多么美妙的事情啊，这样的朋友不图私利，当我们需要帮助的时候，总是准备着去牺牲自己的安逸、时间或是金钱。

西塞罗[①]曾经说过人类从来没收到过比来自神圣的上帝的教诲更美好的事物，而且从没收到过比友情更加讨人喜欢的东西。但是友情一定要经过培养。友情是不能购买的，友情是无价的。如果你埋心于追逐金钱名利，你抛弃了自己的朋友长达四分之一个世纪甚至更长时间，你就永远都不可能期望再次回到你抛弃朋友的地方将他们找回。你曾经获得过或者保存过任何值得做却没有经过与其价值相当的努力的事情吗？只有那些愿意付出任何代价来结交朋友并且保持友情的人才会拥有值得结交的朋友。这样的人获得的财富可能不会像把所有时间都用在赚钱上的人那样多。但是难道你情愿得到那么一点点金钱都不愿意拥有更多善良的、忠诚可靠的、相信你并且在严厉的打击之下仍然会和你在一起的朋友吗？还有什么能够像那么多善良忠诚的朋友

---

① 西塞罗（Marcus Tullius Cicero，公元前106—前43），古罗马哲学家、政治家、政治理论家、律师和演说家。

那样能使你的生活变得如此地丰富多彩!

很多人似乎都认为友情是单方面的事情。他们享受着拥有朋友的快乐，享受着让朋友来看望自己，但是他们很少思考伸出自己的双手去付出回报，或者不辞辛劳地去维护他们的友情，事实上，相互往来才是友情的精华。

你本人拥有多少才学或者拥有什么成就，这些都不重要，除非你不断地接近、走进其他人的生活，除非你培养了自己的同情心并且真正地关心他人，一起受苦，一起享乐，帮助他们，否则你就会过着沉闷、孤独的、与世隔绝的生活而且毫不引人注目。

我认识一个年轻人，他总是抱怨自己没有朋友，并且总说在自己孤独寂寞的时候有时打算自杀! 但是认识他的人没有一个会对他的孤独感到惊奇，因为他拥有着人人憎恶的品质。在与金钱有关的问题上，他总是摩拳擦掌、吝啬、刻薄小气，并且总是批评、指责其他人，而且非常悲观、缺乏宽容和宽宏大量，充满了偏见，非常自私和贪婪，在别人有慷慨大方的举动的时候总是质疑他们的动机，然而他总想知道自己为什么没有朋友。

如果你想要结交朋友，就一定要养成赞赏别人的品质。稳固的友情是建立在喜欢社交、慷慨大方、热心的性格之上的。没有什么能够像宽宏大量和真正的宽容、善良以及热心帮助的精神那样吸引其他人。你对其他人的关心一定要是真诚的，否则你就不能够将他们的注意力吸引到自己的身上来。

凡是伟大的友情都不会建立在虚伪和欺骗的基础之上。相对立的性格是不可能吸引彼此的。毕竟，友情所依靠的大部分还是钦佩和赞美。在任何一个人喜欢你之前，你的身上一定要有些有价值的东西，一定要有些讨人喜欢的东西。

很多人没有能力去培养伟大的友情，因为他们本身没有那种能够吸引其他人的高贵品质和个性。如果你的思想中塞满了卑鄙恶劣的品质，你就不要期待别人会关心你了。

如果你是一个毫无同情怜悯之心、气量狭小的人，如果你是一个缺乏宽宏慷慨、热诚友善的人，如果你心胸狭窄、固执己见、冷淡无情、小气刻薄，你就不要期待那些慷慨大方、博爱、高贵的人物会围绕在自己的周围。如果你希望和那些有着伟大的灵魂、高尚的性格的人交朋友，你就一定要养成博爱、宽宏大方的性格，还要有宽容之心。为什么那么多人几乎没有朋友就是因为他们从不付出，只有索取。开心的性格，散播欢乐和幸福的渴望，帮助每一个有过接触的人，所有的这些对于友情都有着极佳的帮助作用。只要你开始培养引人注目并且讨人喜欢的品质，你就会惊奇地发现朋友会紧紧围绕在自己的周围。

公平正义和诚实守信对于建立最高尚的友情绝对是至关重要的，并且我们会更加尊重这位朋友，因为他公正、真诚，即使这份友情伤害我们最深并且使我们蒙受屈辱。我们会情不自禁地重视公平和诚实，因为我们是沿着这条轨迹成长起来的，那是我们的本性的一部分。畏缩、不敢说出事实真相的友情，在公平正义需要说出实情的时候却不忍心伤害别人，这样的友情并不会博得像完全公正、真实的友情那样受到人们的高度赞扬。

在人类的本性中有些先天固有的东西，它会使我们去蔑视那些伪君子。我们可以忽略朋友身上存在的缺点，这些缺点使得成为一个完全诚实的人对于他来说是很困难的，但是如果我们发觉他曾经尝试过欺骗我们，我们就永远都不会再次对他抱有相同的信任了，而信任则是真正友情的中流砥柱。

"随同友情一起到来的便是爱。真正的朋友关系并不是一朝一夕就能够促成的。不会再有哪个朋友会像小时候和你一起团聚的老朋友一样，老朋友可以和你一起在生活的道路上肩并肩地努力奋斗。"

"当你拥有了可以证明自己是这样的人的朋友的时候，只要你生活在到处可以看见表明自己对于善良心存感激的迹象之中，就永远不要停止下来。用关心去偿还他们的照料帮助，并且将自己对于他们的影响成为他们幸福快乐的源泉。"

"在朋友之间没有什么东西会像感激这样获得人们如此多的珍惜，而且也没有什么东西会像忘恩负义这样扼杀友情。"

"真正的友情就像稀世珍宝，当你正面去说明它的时候，就让它成为你最关切的事情，你不会做任何破坏这份友情的事情，因为只要活在这世上，破裂的友情对于朋友双方来说都是伤心的事。"

长久持续的友情除了依赖于一份强烈的爱，更多的则是纯粹的关心、赞美以及意气相投。在某些地方，爱是那样强大，它可以击败公正和事实，而友情在这样的地方更容易分崩离析。最强大、最稳定持久、最无私奉献的友情往往基于道义，基于尊重、赞美和敬意。

"我情愿和我的任何一位朋友一起下地狱，如果有这样的地方的话，而且我不会希望进入我曾经阅读过的天堂，如果我的任何一位朋友身处天堂之外的黑暗之中的话。"这是在关于《朋友的友情》的布道的过程中乔治·迈诺特①牧师令人吃惊的主张。

　　"虚假的朋友就像是我们的影子一样，当我们在阳光下面行走时紧跟着我们，但是当我们走进阴暗处时就会立刻离我们而去。"博维②说。

　　真正的友情会跟随我们一同进入阳光之中，也会随我们一同进入阴暗处，进入黑暗之中。

　　建立友谊的能力是对人性的一次重要的考验。我们从直觉上相信那些因坚守自己形形色色的朋友而被牢记的人。这是拥有了杰出的品质的迹象。通常你可以相信那些从来没有背弃过朋友的人。缺乏忠诚的人是不可能拥有伟大的友情的。

　　毕竟，难道一个人的成功不能通过他的朋友的数量和质量得到很好的衡量吗？因为，不管他们可能已经积累了多少财富，如果他们没有很多朋友，在他们身上的某处必然会有一些巨大的缺失，大量优秀品质的缺失。

　　应该有人教会孩子们知道这世界上最神圣的东西莫过于真正的朋友，并且应该训练他们去养成结交朋友的能力。这将会拓宽他们的性格，养成良好的性格，并且增加他们人生的乐趣，这是其他任何事物所不能及的。

　　与人类有关的最美丽的一件事情就是拥有大量忠诚可靠、真实的朋友。罗伯特·路易斯·斯蒂文森说过，"在拥有了朋友之后，没有谁是毫无用处的"。

————————

　　①　乔治·迈诺特应该改为：米洛特·J. 萨维奇（Minot Judson Savage，1841—1918），美国独一神论牧师、作家。
　　②　博维（Christian Nestell Bovee，1820—1904），美国著名经典语录作家。

第八章

雄心壮志

明确的目标对于生活有着非常强大的影响，它使我们的努力和付出统一于我们的事业。不要让你的雄心壮志冷却下来。你要下定决心不能而且也不会虚度光阴。唤醒自己的灵魂，然后奔向那个有价值的目标。

不向上看的年轻人就会向下看，而且没有飞升翱翔的灵魂注定要卑躬屈膝。无论是谁只要对他所从事的已经达到最高点的事业表示满意，他就不会再继续前进了。

令人感到吃惊的是有那么多的人没有明确的目标或志向，没有轮廓清晰的生活计划，只是一天挨一天地那么生存下去。在生活的海洋里，我们看见的是年轻的男男女女漫无目的地漂流着，没有舵手，没有停泊的港湾，扔掉大把的时间，在他们所从事的任何事情上没有真正的目的和方法。他们仅仅就是随波逐流。如果你问其中一个人要去做什么，或者他的志向是什么，他会告诉你他也不是十分明确地知道自己要去做什么。他们就是在等待能够抓到些什么东西的机会。

一个人怎么能在没有任何规划的情况下毫无秩序地就期望达到任何地方！明确的目标对于生活有着非常强大的影响。它能汇聚我们的所有努力，并为我们的事业指明方向，每一次打击对于明确的目标来说都是有价值的。

我从来没听说过哪个随着懒惰的本意去行事的人能够成就什么伟

大事业。只有同那些抵抗自己的雄心壮志的事物进行斗争的人才会出人头地。

那些从不去尝试或者从来不强迫自己去做那些并不是非常愉快、非常简单，但终将会对自己有很大益处的事情的人是不会有什么伟大成就的。

每一个人都应该成为对自己要求严厉的老师。人不能坐以待毙，在感受到像清晨起床的那种感觉之前，不能一直躺在床上，人也不能在有心情的时候才工作，这样终究会一事无成。人一定要学会控制自己的心情，要学会强迫自己去工作，无论自己的感觉是怎样。

多数胸无大志的失败者都是由于太懒惰而不能成功。他们不愿意让自己经历风雨，不愿意付出代价，不愿意去做那些必要的努力。他们想要过得快乐。他们为什么要去努力奋斗呢？为什么不去享受生活，过得轻松自然一些？

身体上的懒惰、精神上的漠不关心、让事情放任自流的态度、不做任何抵抗就俯首称臣的态度，这些才是组成了失败大军的原因。

一个人在事业上的颓废首要的特征就是这个人的志向逐渐地、毫无意识地慢慢丧失缩减。在我们的生活中没有哪一种品质会比我们的雄心壮志更加需要仔细地观察、不断地下决心、提升，尤其是当我们并不生活在那种有利于唤醒我们对生活的希望的环境下的时候。

不断地观察志向并且时刻使其保持清醒的习惯对于那些希望远离堕落退化的人来说绝对是必不可少的。凡事都要依靠志向。雄心壮志变弱的那一瞬间，所有的生活准则都会随之坠落。人必须使自己的志向永远都发出整齐一致的光芒，并且明亮地燃烧着。

戏耍那可以置雄心抱负于死地的影响力是件很危险的事情。

在一个人吸食过量的吗啡时，医生知道睡觉是致命的，并且想尽办法去使病人保持清醒。他有时候不得不去依赖那些看起来非常残忍的治疗手段，捏、掐甚至敲击患者，为的就是让睡眠远离这个永远都不会再次醒来的人。人的志向也是这样，一旦沉睡过去，它就不可能再次苏醒。

我们看到有着光彩华丽装饰的手表，它们不管在哪似乎都时刻准备着出发，然而我们非常想知道它们为什么这样沉默寡言？为什么它们不能将美好的时光保留下来？原因是，他们没有撞针簧，没有雄心壮志。

一块手表里可能有非常完美的齿轮，可能有非常昂贵的珠宝镶嵌在它上面，但是如果它缺少了一个撞针簧的话，这块手表就毫无用途。所以一个可能接受过大学教育、有着非常健康的身体的年轻人，如果缺少了远大志向，他所有的其他装备，不管有多么精良，他都不会有什么伟大成就。

我认识一些年龄在三十岁以上但是还没有选择自己的终生职业的人才。他们说并不知道自己适合做什么工作。

雄心壮志经常会非常早就开始提醒人们去认知。如果我们没有留意到它的声响，如果在吸引我们的注意力多年之后没有得到鼓励支持，它就会渐渐地停止打扰我们，因为和任何其他未使用的品质或功能一样，当不再使用的时候它就会堕落退化或者消失。人的本性使得我们只保留了那些经常使用的品质。从我们停止锻炼肌肉、头脑或者才能的那一刻起，堕落颓废就随之而来，而且能力会随之远离。如果你没留意到"向上！"的早期召唤，如果你没有鼓励或者滋养自己的志向，并且不断地通过精力充沛的锻炼来进行强化，它很快就会凋谢死亡。

得不到支持的志向就像是被推迟延期的决议一样。对于认知的需求变得越来越缺乏紧迫感，就像对任何愿望或热情的不断拒绝往往会导致灭绝一样。

在我们的周围尽是那些远大志向已经消亡殆尽的人们。他们有着人类的外表，但是曾经在他们心中燃烧的那团火焰已经熄灭了。他们来到这世上，但几乎不能存活下来。他们的有用性已经荡然无存。对于自己或者这个世界来说他们都是无关紧要的。

如果这世上有一处能让人感到怜悯的地方的话，那它一定是在某个志向已经消亡的人身上，这个人已经拒绝了为他不断提高身价的内心的声音，由于缺乏燃料，这个人的雄心之火已经开始逐渐冷却。

对一个人来说，不管他的境况多么地糟糕，只要他的雄心壮志还活跃着，他就是充满希望的。它超越了苏醒复活的范围彻底死亡了的话，由生活鞭策激励的强劲动力就会随之消失。

对于人类来说最难做的一件事情就是保持自己的雄心壮志远离逐渐消失的厄运，保持自己的渴望依旧敏锐新鲜，保持自己的理想依旧清晰明确、轮廓分明。

许多人欺骗自己，他们认为如果自己一直保持着远大抱负的话，如果一直期待着去执行自己的理想、达成自己的志向，他们就真正地实现了自己的梦想。但是追求得过多就会像养成了做白日梦的习惯那样给人们带来诸多伤害。

雄心壮志需要大量并且不同种类的事物来使其保持精力充沛。矫饰的志向最终不会带来任何辉煌成就。它必须得到稳固的意志力、坚定的决心、身体的精力，以及忍耐力的支持才会有效。

事实上你所拥有的是几乎不能控制的冲动，这是一种有着强烈的吸引力的雄心抱负，吸引着你去做一件与对自己的判断和改善表示赞成相符合的事情，这是提供给你的一个告知，你可以做这件事，而且你应该立即去做。

有些人似乎认为，在生活中去做某一件事的雄心壮志是一种永恒的品质，将会一直属于他们。其实不然，它就像日常的神赐之食物，降落在人间是为了满足身处在沙漠之中的犹太人的日常所需。他们需要立刻全部都吃下去。当他们的信念变得薄弱的时候，就会试图将其储存起来，但是他们发现它永远不能保存到第二天。

完成一件事的时候就是当灵魂附着在我们身上，当这件事情给我们留下了清晰、明确的印象的时候。决心在逐渐退化，并且每次被推迟过后都会变得更加模糊。当愿望、志向同热情和积极性一起变得充满活力和稳固的时候，下定决心就简单多了。但是在我们推迟了几次之后，我们会发现自己越来越不想去做必要的努力或是牺牲，因为即使是同样程度的强调，它已经不像起初那样吸引我们了。

不要让你的雄心壮志冷却下来。你要下定决心不能而且也不会虚度光阴。唤醒自己的灵魂，然后奔向那个有价值的目标。

尝试着去帮助那些胸无大志的人，帮助那些不太让人满意的人是这世界上最令人感到失望的一个问题了，那些人的本性中没有足够的不满足来推动他们前行，没有足够的主动性去着手实际工作，而且没有足够的持续性来使其进行下去。

你不能去将就这样一类年轻人，这些人表面上甘愿沿着简单乏味的方式一直漂流下去，但并不满足于自己的成就，他只利用了自己潜能和真实实力的很小一部分，而他的能量都以各种不同的方式被浪费掉了，面对这样的事实，他自己仍然没有任何变动。你不能去将就这样的年轻人，他们失去了志向、生活、活力和精力，他们愿意沿着阻力最小的那个方向漂流下去，他们尽可能地不发挥自己的作用。没有什么可以指望的。即使是这样的人在起初时所拥有的根基也会渐渐地崩解、碎裂成毫无用处的东西。

只有那些对自己的所作所为不满足，并且决心每天都要做得更好，努力奋斗以表达自己的理想，使自己身上的可能性成为现实的年轻人才会取得成功。

困扰很多人的问题是他们的理想太低微、太平庸、太枯燥。他们没有将自己的希望一直保持闪亮耀眼，或者足够的热切渴望。他们仅仅依靠自己的动物感觉生存。如果我们想要成功上进，我们就必须要有抱负，在我们朝下看的时候是没法向上攀登的。雄心壮志必须总是先于成就。文明世界攀登得越高，人类的雄心壮志就越高；人类的雄心壮志越高，人们的生活就越美好。

如果每个人都达到了这个目标，实现了自己的雄心壮志，那么人类会发生怎样的事情呢？与感到自己想要去工作相比哪个人还会期望得到更多呢？谁还会去做那些辛苦乏味的工作？

设想一下每个人都是富有人家的子女，他们的唯一目标就是玩得高兴、享受所有令人愉快的东西并且尽可能地避开所有的工作和令人讨厌的经历。将如此人性化的世界退化到尚未开化的时代需要多长时间呢？

为了能够向上晋升从而融入更加舒适的环境之中，确保接受更优秀的教育，拥有更温馨的家庭，提高自身的修养，利用富甲一方、威名远扬的影响来获取权力，今时今日人们为此所做的努力奋斗逐渐形成了我们人类最高等级的性格和毅力。这种积极向上的生活趋势赋予了其他人对我们的信心。

雄心壮志就是一种摩西① 带领着人类穿过荒野进入天堂、致富一千年的宏大志向，当今的芸芸众生仍远远地追随在摩西身后，虽然距离遥远，看不清天堂是什么样子，但是他们在追求进取中，灵魂得到了升华，甚至半开化的民族，在精神上也收获良多。

一个民族拥有什么样的理想，就会有什么样的文明程度，这个道理从古至今颠扑不破。个人或者民族的理想可以衡量出其当前的文明状态以及未来的希望与可能。

在当今文明社会之中最有希望的一种信号就是观念上的进化。在生活的方方面面，我们的志向的观念现在变得更加高尚、更加纯粹、

---

① 摩西（Moises），旧约圣经的出埃及记等书中所记载的公元前13世纪时犹太人的民族领袖。史学界认为他是犹太教的创始者。他在犹太教、基督教里都被认为是极为重要的先知。按照以色列人的传承，摩西五经便是由其所著。按照出埃及记的记载，摩西受耶和华之命，率领被奴役的希伯来人逃离古埃及前往一块富饶的应许之地。经历40多年的艰难跋涉，他在就要到达目的地的时候就去世了。在摩西的带领下，希伯来人摆脱了被奴役的悲惨生活，学会遵守犹太十诫，并成为历史上首支尊奉单一神宗教的民族。摩西是纪元前13世纪的犹太人先知，旧约圣经前五本书的执笔者。带领在埃及过着奴隶生活的以色列人，到达神所预备的流着奶和蜜之地——迦南（巴勒斯坦的古地名，在今天约旦河与死海的西岸一带），神借着摩西写下《十诫》给他的子民遵守，并建造会幕，教导他的子民敬拜他。

更加健全。我们在进步与提高时的行进速度是那样快，因而为了取得成就，在努力的方方面面都需要比以前更伟大的志向、更崇高的理想、更高等级的才智，以及更加强劲的努力。

理想正逐渐使全体民众变得活跃起来，并且最终会使每个人进入自己的角色，进入幸福的状态之中，这种幸福毫无疑问是他们与生俱来的权利。

只有那些停止成长的人才会满足于自己的成就。正在成长的人会感觉到缺少圆满、缺少完整。在他身上的每件事情似乎都尚未完成，因为他正在成长。正在逐渐扩张的人总是不满足于自己当前的成就，总是伸出自己的双手去追求更重要、更丰富、更完整的东西。

与形成在每件事情上都去攀登的习惯、永恒的志向以及努力去做得比前一天更好，去将我们尝试着的东西做得比以前还要好相比，没有什么其他的东西会对一个人在生活中的进步起到同样大的帮助。

经常与那些在我们之上的人结识对于我们的成长确实是一种令人惊叹的帮助，那些人受过更优秀的教育、更有修养、更加优雅，他们在我们所不熟知的方面有着丰富的阅历。众所周知，当一个人的倾斜方向是向下的时候，当他试图去找寻那些在他之下的伙伴以及粗俗的、令人道德败坏的乐趣的时候，他堕落退化的速度会有多快。然而当这种过程被调转过来的时候，向上的倾向，向上的过程，其结果自然是显而易见的。

拥有崇高的理想已经成为任何人生活中一种重要的向上提升的力量。它拓宽了所有的精神技能，激发了新的力量，唤醒了下意识里的潜能，这种潜能绝对不会对普普通通的志向或卑鄙的动机有所回应。

它唤醒了遭到禁止的伟大潜能，激发了在一般情况下会保持着休眠状态的潜意识本质之中的足智多谋。

没有人能够做出什么特别伟大的事情，除非他们能被那些可除去任务中辛苦乏味的雄心壮志，以及能够减轻负担，使前方的路途充满欢乐的激情所激励。如果这样一种人前去工作等同于军舰上的奴隶走向船桨，就像是疲惫的马匹走向那连拖都拖不动的货担，那么这样的人是不会有什么太多的成就；对于事业一定要有热情、远大的抱负并且要充满热爱，否则其结果要么是做个平庸之才要么是个失败者。

顺境很难成就人生，但是如果你能热爱自己的事业，那么对你获得成功将大有裨益。热情似乎使我们察觉不到危险和阻碍。如果你发现自己的雄心壮志即将消亡，如果你感受不到对于自己的事业的那份熟悉的热情，如果你不再早出晚归醉心于自己的事业，那么一定是在某个地方出了些问题。也许你还没有为自己找到正确的位置，失望气馁可能会扼杀你的热情、削减你的热心。但是无论你放松对自己的要求的原因是什么，如果你发现了自己的志向在走下坡路，如果你发现进行自己的工作是种烦恼，如果你认为自己的事业之中那些简单乏味的工作在逐渐增加，你就一定要去做些什么事情来弥补一下。

如果你下定决心要干番事业让自己有所成就，那么提高工作热情、鞭策落后的志向并不是件难事。如果没有坚持不懈的培养，你是不可能保持住自己的热情的，对于你的志向来说也是一样。

对前途感到迷茫的人随处可见。他们的激情之火已经熄灭，内心锅炉中的热情之水已经冷却，然而他们感到非常惊讶，为什么别人会像高速列车一样从自己身边飞驰而过，而自己却像蜗牛一样缓慢爬行着。因为他们忘了如果没有激情之火和热情之水作为动力，人生事业这列火车是不会高速运行的。

这些人从来不翻新自己的列车，也从来不让引擎中的水保持在沸点，可是如果他们没能到达目的地时却在抱怨。他们不能理解为什么自己要比旁边的高速列车慢那么多，为什么高速列车在压载得非常完美的铁路上用最新型号的引擎和车厢飞速地超越了他们。如果他们冲出了自己可怜的轨道，他们就会将其归因于运气不好。

大多数迷茫彷徨、一事无成的人，之所以成为游手好闲、好逸恶劳、平平庸庸之辈，都是由于缺乏雄心壮志。

那些渴望教育、渴望得到提升的年轻人，不管他们出身多么贫苦，大都会找到一条前行的道路。但是对于那些胸无大志的人来说几乎是没有一点希望，没有什么方式能够激励鞭策那些不思进取的人。

想要阻止年青人成就一番事业或者出人头地绝非易事。不管他们身处何种环境，不管他们有着多么严重的生理缺陷，他们都会找到自己的出路，他们终究会奋力前行。你阻止不了林肯、威尔逊，或是格里利[①]那样的人，如果他们家境贫寒买不起书本，他们会去借来这些书本然后拾起教育。对于那些对美好事物有着特别喜好的年轻人，不管他是多么愚蠢或笨拙，我们永远都不必感到失望。

你可能会认为自己的生活非常平淡，自己成就大事的机遇特别地

---

① 格里利（Horace Greeley，1811—1872），美国著名报人、编辑、《纽约论坛报》的创办者。自由共和党的资助人之一、政治改革家。其晚年出于对尤利西斯·格兰特共和党政府腐败做斗争的目的，1872年被提名为新自由共和党主席参加美国大选，尽管也获得了民主党的支持，但却遭到了一边倒的失败。今天美国有多个地名、学校以其命名，纪念物也散布在美国各处。

少，但是这与你的出身是多么地卑下或者你现在所从事的事业是没有任何关系的，如果你向往美好的事物，如果你在人生中锐意进取，如果你憧憬更高的人生目标并甘愿为之付出艰苦卓绝的努力，那么你就一定会获得成功。你就会从普通人中脱颖而出，就像幼芽会努力挣扎穿过草地生长出来，通过坚持不懈地延伸终于抵达土壤的表面一样。

我们绝不应该通过一个人目前正在从事的事业来评判这个人，因为这可能只是通往更加远大、更加宏伟的事业的一步阶梯。通过他们热切希望从事并且下定决心去做的事业来评判他们吧。一个正直坦率的人会把任何值得尊敬的工作都当作是通向自己的目标的阶梯来做。

每个人都有一股气场，包括这个人的行事风格、精力、对事业的投入程度，其中每一种气场都预示着他的未来会如何？

狄更斯说过，"如果你只是用拖把擦甲板，那就要像有深海阎王戴维琼斯在后面跟着你时那样擦"。

每一个人可能会对自己缺乏更加高尚的抱负以及缺乏达成目标的精力非常不满意。单单是对于自己的工作不满意并不总能表明雄心壮志。它所表明的可能是懒惰、漠不关心。

但是当我们看见某一个人担任着某个职务，就好像这个职位是为了他而设计的那样，这个人还在试图为了达到更加完整的结局而努力奋斗，对于这个职位充满了自豪，并且仍然期待着更重要、更美好的成就，我们会对他们能取得那些成就表示确信无疑。对于一个人我们不可能说出太多的事情，除非我们知道了他的志向是什么。如果他们拥有了决心、坚韧不拔的意志力并且付诸行动，我们就一定会毫不费力地从人群中发现他们。

当年轻的富兰克林还在为能在费城获得立足点而努力奋斗的时候，虽然他的吃住和印刷工作还都在同一间屋子，当地的精明商人就已经预测到了在这个年轻人的面前将会有一个伟大的前程，因为为了能提升到更高的位置上去，他工作的时候拼尽全力，并且总是充满自信。凭着他的能力，他会圆满地完成每一件事情，而这恰恰预示着"天将降大任于斯人"。在他只是一个印刷工的时候，他的工作就做得比别人好，并且他的方法要比其他人高明得多，即使是与他的雇主相比也是这样，因而人们就预言有朝一日他必将会拥有一份能够建立企业的生意，而他也是这么做的。

许多居住在偏远地区的人们和这些模范式的人物接触的机会并不多，通过那些人他们可以衡量对比自己的能力。他们过着安逸、平淡无奇的生活，而且在他们生活的环境中几乎没有什么能够唤醒他们的才能的东西，这些才能在他们现在所从事的职业中并没有起任何作用。

对于生活在偏远的农场里的男孩来说，他的志向经常会在他第一次走进大城市的时候被唤醒。对于他来说大城市就是非常巨大的世界博览会，在那里每个人的成就被展览着。弥漫在整个城市间的随时代进步的精神就好像是电动冲击波一样，唤醒了他所有沉睡着的能量，调动出了所有的储备。所有他看见的东西似乎都成为了使他继续前行、推开一切阻力的召唤。

这就是城市的生活以及旅行的好处，经常地与其他人接触给了我们一次与其他人进行对比的机会，给了我们一次用其他人的能力来衡量我们自己的能力的机会。这种能够给人以激励和督促的事例往往都会流行开来。与其他人接触有助于唤醒自己的征服欲，以及说服别人的激情。

然后，在城市里或者在旅行的途中，我们经常会回想起其他人都做过什么。我们看见了那绝顶的工程技艺、巨大的工厂和办公室、浩大的商业往来、所有人类成就的巨幅广告。所有这些东西都会带着疑问的观点充斥一个有理想、有抱负的年轻人的内心，并且他总是想知道为什么自己没能取得什么成就。当他想要开始付诸实践的时候，当他期待着去成就一番事业并且相信自己能够取得成功的时候，他的力量就得到了加强。

人们经常会失败是因为他们对自己的雄心抱负缺乏耐心。他们迫不及待地去为自己终生的事业做准备，却认为自己必须平步青云，快速获得其他人需要花费多年时间才能达到地位。他们过于渴望结果，焦急不堪，并且完全没有时间去做任何事情。每件事情都是急急忙忙的而且是被强迫去做的。这样的人没有得到均衡的发展，而是片面的发展，他们缺乏判断力和良好的理解能力。

> 伟人所到达并且保持的高度，
>
> 并不是通过才智突然的爆发而获得的，
>
> 而是当他们的同伴安然入睡的时候，
>
> 他们却在夜晚进行着辛苦的工作。

可悲的是，我们时不时地就会看见一些有着恣意野心的人，他们被过度狂妄的野心驱使，他们因渴望成为富人或是掌握权力而使自己变得麻木，从而屈身去做那些非常不理性的事情。野心经常会使人对于公平正义视而不见。

有一些人不惜一切代价去使自己高升、获得声望，全然不顾在此过程中会牺牲到谁，然而他们自己本身就是这种自私、恣意野心的受害者，没有什么能比看见这样一类人更令人感到痛心疾首了。

当如果我们被狂妄野心所驱使，我们将很难再看见正义，很难清楚地理解公正的含义。因而沉醉于狂妄野心的人们会不惜去犯下罪行。拿破仑和亚历山大大帝就是极好的例子，正是他们的恣意野心才造成了战争所带来的残垣断壁和满目疮痍。

单说想要超过别人的抱负有时都可能会成为一股可怕的力量，而且可能会导致各种不同的性格的损失。

每个人都应该有志去从事一些与众不同的事情、具有个人特色的事情、使自己从平凡的人群中脱颖而出的事情，让自己在胸无大志、无精打采的人群中鹤立鸡群的事情。渴望在这世界上尽可能地高升是完全正常的，并且我们可以以心灵之中的博爱和善良接济世人。

应该被唤醒的那个人就是你自己，而且每个人都有权利从自己当下正在从事的事业里提取出灵感。

有时那些能使其他人受到鼓舞的人的谈话或者鼓励，某些在其他人都不相信我们的时候对我们给予信任的人的信念，某些能从我们的身上看出其他人所看不见的东西的人的信念，这些都能够唤醒我们的志向，让我们瞥见自己美好的未来。那时候我们可能并没有过多地考虑这些事情，但是它可能成为我们职业生涯的转折点。

大多数人通过阅读某些催人奋进的书籍或是朝气蓬勃的文章第一

次看清楚自己。没有这些书籍或文章的话，他们可能永远都不清楚自己的真实力量。任何能让我们看清楚自己并且能唤起我们的希望的东西都是无价之宝。

选择那些能够激励你、能够唤醒你的雄心壮志，激发你去成就大事并且在这世界上出人头地的人作为你的朋友。一个这样的朋友要比许多消极被动或是漠不关心的朋友有价值。

接近那些能唤醒你的雄心壮志的人，能把握你的人，能让你去思考和探索的人。保持向那些能不断地给你以鼓舞和灵感的人靠近。我们多数人所遇到的问题主要是，直到晚年，我们的雄心壮志才被唤醒，才发现自己的潜能。可常常是由于太迟而无法再创造太大的成就。年轻的时候如果我们就被唤醒了希望，那样我们就可能最大限度地成就自己的人生。

大多数人在临近死亡的时候，其大部分的希望仍然是尚未开发的。他们浑身上下的能力一点都没有得到提高，同时他们可能的自我的状态仍旧是未经过任何开垦，巨大的财富宝藏仍旧是尚未触及的。

我们并不能使用那些不是由我们首次发掘或发现的东西。

在这个国家有数以万计的临时工。作为普通工人，他们将自己的一生投入那些简单枯燥的工作之中，如果他们被唤醒了的话，他们就会自己做雇主，他们就会成为其所在的集体里有名望的人，但是他们一直由于对自己的能力全然无知而被抑制着。他们从来没有发掘过自己，因此他们一定是"做苦活的人"。无论在什么地方我们都能看见这样的人的身影——优秀的人，他们在潜能方面给我们留下了巨人的印象，但是他们完全忽视了在自己身上一直沉睡着的强大力量。

有数以千计的女孩做着职员或者操作人员，或者其他平凡的职业来度过自己的人生，但是如果她们能够发掘自己的潜能，一旦认识到自己的潜在价值，他们很可能会极大地改善自己的境况，甚至成为世界上一股巨大活跃的力量。

坐下来然后拿一份关于你自己的详细记录。如果你对自己正在从事的工作不满意并且考虑应该做得更好的话，那么就试着去看看你的问题出在哪里，不管这将花费多长时间；找出那些阻止你前行晋升的东西。对你自己一遍又一遍地说："为什么其他人能够完成这些非同寻常的事情，而我只能做这些普通平庸的工作呢？"不断地问自己，"如果其他人能做那些非凡的事情，为什么我不能呢"？

在自我发掘中，你可能会发现自己有着金子般的闪光点，而这些闪光点是你从未梦想过会拥有的。你还会发现自己有着其他很多巨大的潜能，如果这些潜能能够得到开发，它将使你的生活发生革命性的转变。

长期从事像职员这样的同一种职业，最致命的危险就是习惯往往会奴役我们。我们在今天更有可能去做我们昨天做过的工作，如果我们今天做这种工作，更加确定的是我们明天还会继续做下去；日常工作乏味枯燥，总是在用着同一种技能。过了一段时期，其他没有使用过的技能开始衰弱、较少、退化，直到我们开始认为自己现在所从事的工作是我们唯一能做的事情。

我们所使用的技能变得越来越强大，而那些没有使用过的则变得越来越弱，而且我们可能会在承担自己着实拥有的能力上欺骗自己。

狭隘的目标是种犯罪，因为它会将各种不同的品质降低到狭隘的水平上。狭隘的目标破坏了人的执行能力。有什么样的目标就会有什么样的才能和人生。我们必须向上攀登，否则我们就一定会堕落下去。我们不能死死抓住同一个人生阶梯不放。

第九章

读书教育

　　我们的思想就是集中于那种值得重视的并且能够产生勇气和毅力的阅读。优秀书籍的爱好者永远都不会非常孤单，不管他们身居何处，当他们离开了工作之后他们总是能够找到愉快的职业。

书籍是灵魂借以向外张望的窗户。

——H. W. 比彻（亨利·沃德·比彻[①]）

"在图书馆里摸爬滚打。"这是奥利弗·温德尔·霍姆斯[②]在描述自己的童年时所使用的妙语。聪明的学生能从自己的学生时代学会的最重要的一件事情就是在各种不同的学习研究室里通晓各种书籍。从图书馆中分类挑选图书的能力是极其重要的，这对人的一生都会有很大的帮助。这就好像是一个人为了知识的扩展和社会公益事业挑选自己的工具一样。

耶鲁大学的哈德利校长说道："在现实生活中不同领域的人们，比如从事商业活动、运输行业，或者是制造业的人们都告诉过我，他们真正希望从我们这所大学招聘到的是那些能够有效地使用图书的

① 亨利·沃德·比彻（Henry Ward Beecher，1813—1887），美国牧师、社会改革家、作家和演说家。废奴运动的支持者。代表作：《致年轻人的7堂课》《论独立》《夏日之灵》《进化与宗教》等。

② 奥利弗·温德尔·霍姆斯（Oliver Wendell Holmes，1809—1894），美国医生、诗人、演说家和作家。被誉为美国19世纪最佳诗人之一。代表作：《守护天使》《早餐桌前的教授》《欧洲百日》《爱默生传》等。

人。这门学问起初是在那些陈列有大量书籍的家庭中掌握得最好。"

图书不再是奢侈品，而是成为一种生活必需品。没有图书、期刊以及报纸的家庭就像是一座没有窗户的房子。孩子们通过沉浸在书海中学习阅读，通过接触这些书籍不知不觉中就吸收了知识。现在也没有哪个家庭承担不起提供优秀的阅读书籍的开支。

据说亨利·克莱①的母亲用自己洗衣服赚的钱为他配备了大量的图书。

那些拥有字典、百科全书、史志、参考文献，以及其他一些有用的书籍的孩子们都会下意识地培养自己而且几乎无须什么开支，他们会自愿学到很多东西，不然这些时间就浪费了。如果他们在小学、中等学校或者大学里学习这些的话，书籍的费用将会是现在的十倍那么多。

除此之外，家庭也因那些优秀的书籍变得闪亮发光、充满着吸引力，而且孩子们也会留在这样快乐温馨的家庭之中，而那些被忽视了教育的孩子们渴望着走出家门，渐渐离开，最后落入充满陷阱和危险的生活习惯当中。

对于孩子们来说能在书香门第中成长是多么美好啊，而且令人感到惊讶的是如果允许他们经常使用、接触熟悉书籍的封面和标题，孩子们竟然能从优秀的书籍中汲取那么多智慧。

许多人从来都没在书籍上做过任何标记，从来没有翻过一页书，也从来没有给精选的文章加上下画线。他们的图书就和他们买来的时

---

① 亨利·克莱（Henry Clay，1777—1852），美国律师、政治家、演说家和国会参议员。

候一样干净整洁，而且通常他们的思想也同样地干净。不要害怕在你的书籍上做标记，就在那些书上做记录吧，它们会更有价值的。在人生的初期就学会了如何使用书籍的人将会伴随着逐渐增长地在有效使用方面的能力而成长起来。

如果有必要的话，穿着破旧的衣服和修补过的鞋子，但是千万不要在书籍方面有所限制或节约。如果你不能为自己的孩子提供一种学院式的教育，那么就在他们所能触摸到的地方放置一些优秀的书籍吧，这些图书可以将他们提升到所处的周围环境之上，进入体面与尊敬之中。

难道一个人初期的家庭不是那个让他们为生活做好基本的培养的地方吗？就是在家庭之中我们养成了那些可以使我们的事业成形的习惯，这些习惯会伴随我们的一生。就是在家庭之中，有规律并且持续不断的智力培养会决定从今往后的人生。

我知道一些令人感到惋惜的事例，那些雄心勃勃的年轻人一直期望着使自己得到提高，却为致命的家风所耽误，在这种家庭之中每个人都将整晚的时间浪费在说说笑笑上，并没有努力去进行自我提高，没有去思索更高远的理想，也没有想去读一些比那种劣质的、动人的故事更优秀的东西的冲动。怀有远大抱负的家庭成员会遭到嘲笑，直至他们受到了打击然后放弃了努力。

如果年轻人自己本身就不想去阅读或是学习，他们就不会让其他任何人有这样做的打算。孩子们在本质上都是淘气顽皮的，并且喜欢去嘲弄别人。他们也是自私的，而且不能理解为什么在自己想和别人一起玩耍的时候，那些人会主动离开，然后去读书或是学习。

一旦自我提高的习惯在家庭中很好地树立起来，它就会成为一种乐趣。那些期待着学习时间的年轻人对于玩乐也是有同样的期待的。

我认识新英格兰的一户家庭，在这个大家庭里所有的孩子和父母，通过约定固定的时间，每天晚上都留出一部分时间用在学习或者其他的一些自我修养上。晚饭过后，他们完全投入娱乐消遣之中。他们有一个小时的时间用来尽情地玩耍嬉闹。接着当学习的时间到来的时候，整个房间里就会立刻寂静无声，就连针掉落在地上的声音都能听得见。每个人都在自己的座位上读书、写作、学习或者从事其他一些脑力劳动。任何人都不允许说话或者打扰其他人。如果家庭里任何一个成员感觉到身体不适，或者因为别的什么不想工作，那么他们至少要保持安静并且不能打扰其他人。在他们的家庭里，目标一致、行动和谐，真可谓用来学习的理想环境。任何一种会分散人的注意力或者使人心不在焉的事物，所有会破坏思维连续性的干扰，都被严防死守着。在这将近一个小时没有任何打扰的学习中所获得的知识要比那种被多次干扰，或者由于思想溜号而被打断的两三个小时的学习更多。

对于每一个浪费了宝贵的时间的家庭来说，要是能够在这样的家庭里度过一晚，那会是多么鼓舞人心的事啊。一种生机勃勃的、灵活的、明智的、和睦的氛围就这样弥漫在这样一个不断自我提高的家庭之中，身处其中的人会不知不觉地得到提升而且会得到鼓励去做更美好的事情。

有的时候一个家庭的习惯会受到那种坚定果敢的年轻人的影响而发生彻底性地转变，他发表自己的意见，表明立场并且宣布，对于自己，他们并不打算做一个失败的人，为了自己的将来，他们会谨慎行事。在他们做这件事的那一刻，就与另一类年轻人划清了界限，那些年轻人丢弃了自己的机遇，对于值得去做的事情，他们没有去努力奋斗的决心和毅力。

如果你倾尽全力去完善自我，并且总是抱着真诚实意的态度，那么这样的名声会吸引每一个认识你的人的注意力，而且你会得到很多晋升的推荐，而这样的推荐是绝对不会出现在那些没有做任何特别的努力就想要向上攀登的人的面前。

即使是在十分繁忙的生活之中也有大把的时间被浪费掉了，这些时间如果组织合理的话，是可以得到有效利用的。

许多的家庭主妇从早忙到晚，因而她们就认为自己确实没有时间用来阅读书籍、杂志、报纸，如果她们能够更加彻底地将自己的工作分类细化一下，她们就会惊奇地发现自己会有那么多的时间用来阅读。条理秩序是一个伟大的时间节约器，而且我们当然应该能够这样调整我们的生活计划，那样我们就能够拥有相当多的时间来进行自我提高、拓展生活了。然而会有很多人却认为，他们自我提升的机会仅仅依赖于空闲时间。

如果一位商人有了空闲时间之后才去处理重要业务，那么他还会取得成就吗？成功的商人会在每天早上走进办公室然后全身心地投入全天的工作当中。他十分清楚如果每天纠缠于工作以外的细枝末节，比如会见任何想要见他的人、回答所有人们想要问的问题，那么在他开始着手自己主要的业务之前，关张的时刻就会到来。

我们大多数人都会想法设法为我们所喜爱的事情找出一些时间。

如果一个人渴望知识，如果一个人向往自我提高，如果一个人对阅读书籍感兴趣，那么他们自己就会去创造机会。

哪里有决心，哪里就有财富。哪里有雄心壮志，哪里就有时间。

为了至关重要的必需之物而摈弃无足轻重的东西，为了那些最终能够证明对我们大有裨益的事物而暂时放弃今时今日的享乐，这不仅仅需要我们下定决心，而且更要意志坚定。在我们享受悠闲懒散的消遣或者将时间浪费在流言蜚语或是轻浮琐碎的交谈上的时候，总是会有一些诱惑让我们为了眼前的欢乐去牺牲未来的幸福，或者总会有一些诱惑让我们将阅读书籍推迟到一个更适宜的时间。

在这世界上一些非常重要的事情已经由那些能够将自己的工作分类细化、合理组织自己的时间的人完成了。那些在这世界上留下自己的印记的人们已经意识到了时间的宝贵，将它视作自己最为重要的源泉。

如果你想要形成一种享受欢乐的形式，培养一种新的乐趣，一种前所未有的感动，那么就开始每天有规律地去阅读优秀的图书、优秀的期刊吧。千万不要一开始就阅读大量的书籍把自己搞得很疲惫。每次阅读一点，但是每天都要阅读一些东西，不管读的东西是多么少。如果你真的这么做了的话，很快你就会养成读书的习惯，并且它会如期地给你带来无限的满足和真正的快乐。

在体育馆中，人们经常会见到马马虎虎、无精打采的人，他们并不推行系统的训练过程来锻炼全身的肌肉，而是漫无目的地从一个地方跑向另一个地方，用拉力器锻炼一两分钟，举起哑铃然后又把它们放下，在双杠上摆动一两次，这样就慢慢地消耗掉了时间和体力。对于这样的人来说离开体育馆会更好一些，总之是缺乏目的和持续性使他们失去了肌肉的力量，而没有增加肌肉的力量。那些想从体育训练中增强力量的人一定是带着希望系统地开始训练的。他一定是将思想和能量都投入到训练之中，否则人们所拥有的就是松垮的肌肉和肌肉不发达的身体。

锻炼身体的健身房与锻炼精神的健身房只是略有几分不同。严密性和系统性在这两种锻炼中都是同样地重要。那些通过阅读锻炼增强自己头脑的人不是书籍的"品尝师"——不是那些到处品尝书籍的人，那些人一本接着一本地拿起各种图书，他们漠不关心地翻着书页然后突然就翻到了最后一页。为了能从阅读中得到最大限度的收获你一定要有目的性地去阅读。坐下来倦怠地拿起一本书，除了打发时间没有其他任何目的，这让人感到多么的士气低落啊。这就好像是一位雇主打算雇用一个小男孩，然后告诉他当他在早上高兴欢喜的时候开始上班，在他想要工作的时候接着工作，在他想要休息的时候休息，然后在感到疲惫的时候下班回家。

如果你能避免的话，就永远不要为了某种目的，拖着疲惫厌倦的身心去读自己想要看的书。如果你那样做了的话，你就不会从这本书中受益。带着平淡的心情，精力充沛而又积极主动地去读你喜欢的书籍，绝不是消极被动。这种方法对于那些思想彷徨的人来说，是种非常令人满意并且十分有效的治疗方法，这种方法使那么多的人感到苦恼，并且在今时今日会因为能够获得的书籍的多样性和方便性而受到鼓励。

刻意地去阅读书籍，随之而来的便是拓宽思想的感觉；这种感觉能让我们推开愚昧无知、顽固偏见，以及所有遮挡住我们的思想，妨碍我们继续前进的东西，与这相比还有什么能够给我们带来更大的满足呢？

我们的思想就是集中于那种值得重视的并且能够产生勇气和毅力的阅读。每个人都应该深入某一本书中，让自己全部的精神都融入书的内容之中。

被动消极的阅读所产生的后果甚至要比不连贯的阅读更有危害。就像坐在健身房中不会锻炼的人的身体一样，消极被动的阅读也不会增强人的头脑。思想仍然是呆滞的，处于某种懒惰的空想之中，到处徘徊，不会集中到任何事情上。这样的阅读会将灵魂和精力从头脑中除去，削弱人的智力，并且使得头脑迟钝，不能抓住重要的本质，不能解决困难的问题。

你从书中所获取的并不一定是作者写入书籍中去的，而是你在阅读的时候融入书籍中去的。如果心灵不能指引着头脑，如果对于知识的渴望，对于更宽广、更深层次的文化的渴望不是你阅读书籍的动机，你就不会从书中得到对于我们来说是最重要的东西。但是，如果你饥渴的灵魂像干涸的土壤吸收着雨水那样吸收着作者的思想，那么你潜在的希望和潜能就会像土壤中迟发的幼芽和种子那样涌进新的生活当中。

在你阅读的时候，要像麦考利、卡里尔、林肯那样去阅读，像每一位从阅读中获益的伟人们那样——全部灵魂完全被自己所阅读的文字吸引，全身心地投入进去，这样你就会忘记所有书外之事。

约翰·洛克说：“阅读提供给我们的仅仅是知识这种原料，是思考使得我们所阅读的文字成为我们身体的一部分。"

为了能从书籍中获得最大的收益，读者一定要转变成为思考者。对于事实真相的那一丁点儿的获取并不能获得能力。

用那些不能被有效利用的知识去填满一个人的头脑，就好比是用家具和古董去布置我们的房间，直到没有任何可以走来走去的空间。

在食物被完全消化吸收，并且转换成为血液、头脑或者其他的细胞组织之前，它是不会变成身体的力量、头脑的力量或者肌肉的力量的。知识在被大脑消化吸收之前，在它成为思想的一部分之前也不会变成能力的。

非常仔细地进行了阅读之后，如果你希望成为智力上的强者，那么就去养成这些习惯吧：经常地合上你的书籍，然后开始静坐思考，或者时而站立时而行走地思考，但是一定要进行思考、沉思、反省。在自己的头脑中一遍又一遍地思考那些阅读过的东西。

在你将知识用自己的想法同化之前，在你将它融入自己的生活之前，那些书本中得到的知识都还不属于你。在你第一次阅读它的时候，它属于那位作者。只有当它成为统一于你的一部分时它才是你的。

许多人都认为如果自己一直保持阅读的习惯，如果自己在每一个闲暇的时间手中都拿着本书看，他们就一定会成为兴趣广泛而且受过良好教育的人。这是一个错误。这就好像他们通过利用一切吃吃喝喝的机会让自己成为运动员。思考甚至比阅读更加重要。思考、沉思我们所阅读过的东西，就好比是我们在消化吸收吃进肚子里的食物一样。

我认识一些笨蛋，他们对于知识总是死记硬背，经久不变地阅读。但是他们从来都不会去思考。当他们有一丁点儿空闲的时候，他们就会随手抓来一本书，然后就开始阅读。换句话说，他们在智力方面总是在吃东西，而从来不去消化或者吸收知识。

我认识一个年轻人，他就养成了这样的阅读习惯，几乎看不见他手里不拿着书刊、杂志或者报纸的时候。他总是在读书，在家里、在车上、在火车站都是这样，而且他也掌握了渊博的知识。他极其渴望知识，然而他的思想似乎由于他的头脑长期处于用于死记硬背已经开始逐渐变得衰弱了。

让每一位读者在头脑中都记住弥尔顿的诗句吧：

谁读个无休无止，也读不出名堂来，

得不到高等的或者更高明的精神和判断力，

（是他带给的，他何需别处去寻求）

仍然落得个模糊不清决不定，

书本呢滚瓜烂熟，可自己仍浅薄，

食而不化，或自我陶醉，拾取小小玩意儿，

不登大雅之堂，犹如孩子们在海边捡拾小卵石。

当韦伯斯特①还是个孩子的时候，书籍非常稀少，而且十分珍贵，他从来没有梦想过自己能读一读它们，而是想着应该将它们牢记住，或者一遍又一遍地阅读它们，直到它们成为自己生活的一部分。

---

① 韦伯斯特（Noah Webster, Jr., 1758—1843），美国辞书编撰人、英语语言拼写改革家、政治撰稿人、编辑、多产作家。

伊丽莎白·巴雷特·布朗宁[①]说道："我们因为读了太多的书而犯下了错误，并且与我们所思考的东西不成比例。我相信如果我读过的书没有现在的一半那么多的时候，我应该更聪明的，我应该拥有更加强大并且更加优秀的能力，并且按照我自己的观点我应该站得更高。"

那些生活得更平静的人们就不像其他人有那么多的娱乐消遣，因而他们会经常思考得更加深刻，反省得更多。他们没有读过那么多的书，却是很优秀的读者。

你应该将自己的思想融入书籍的阅读或者任何问题的研究当中，就好像你拿着斧子走向磨石的时候，不是为了从磨石那能得到什么，而是为了将斧子磨得锋利一些。

书籍中的益处并不总是来自于我们从中记住了什么，而是来自于书中的建设性意见，来自于书中那份可以塑造人的性格的力量。

"那不在于图书馆，而是在于你自身，"格雷戈里说，"在于你的自尊和你对于丰功伟业的责任感——你会找到'年轻的源泉''长生不老药'，还有所有其他有助于维持生命的新鲜和最佳时期的事物。"

"阅读一本好书是件非常愉快的事情，过上幸福的生活是件更愉快的事情，并且过着这样的生活便可以产生那种对抗老化和衰弱的力量。"

阅读不是人们所拥有的，使人区别于彼此的能力、教育、知识。

---

① 伊丽莎白·巴雷特·布朗宁（Elizabeth Barrett Browning，1806—1861），英国诗人。布朗宁被公认为是英国最伟大的诗人之一。她的作品涉及广泛的议题和思想。她是一位博学，深思熟虑的人。影响了许多同一时期的人物，包括罗伯特·勃朗宁。代表作：《葡语十四行诗集》等。

仅仅掌握了知识并不意味着获得了能力，还没有成为你身体的一部分的知识，那些在紧急时刻不能主动排列成行等待使用的知识几乎没有什么用处，而且在紧要关头并不会挽救你。

为了更有效率，一个人所接受的教育应该在他继续前行的时候与这个人融为一体。教育的方方面面必须糅合进能力之中。有一些实用的教育已经成为人的一部分，并且它总是可用的，在这世界上这样的教育会比那些过于宽泛而且不能得到有效利用的知识产生更大的作用。

没有人能比格拉斯通①更好地阐明什么样的书会对人起作用，以及思考者会拿他们的书籍做什么，格拉斯通要比他的职业伟大得多，他到达了国会之上，到达了政治影响范围之外的地方，而且一直在成长。他非常热衷于智力上的扩展。他那特有的天赋毫无疑问使他非常胜任教堂里的工作，或者他会成为牛津大学或剑桥大学里一位非常优秀的教授，但是周围的环境引导着他走上了政治舞台，而且他也很轻松地使自己适应了这个环境。他是一个全能的、博学的人，他通过对自己的藏书和生活的思考总结出了自己的方法。

对阅读充满兴趣并且接近书的世界，最大的好处就是书籍作为娱乐和安慰所提供的帮助。

能够摆脱自己，能够从那些和我们有关的令人烦恼的、屈辱的、沉默的事情中逃离出来，随意地走进美丽、欢乐幸福的世界是件多么了不起的事情啊！

---

① 格拉斯通（William Ewart Gladstone，1809—1898），英国政治家，四次出任英国首相。

　　如果一个人因为失去亲人或者遭遇不幸而备受打击，那么使他的思想恢复到完全稳定，恢复到正常状态最快并且最行之有效的方法就是将其沉浸于理智的氛围之中，一种上进的、令人鼓舞的、振奋人心的氛围，而且这种方式总是会在优秀的书籍中被轻易地发现。我认识一些人，他们正遭受这最最痛苦的精神上的苦闷，从几乎使人精神错乱的失败与打击，到思想状态上发生彻底的改变，这种改变靠的是来自于全神贯注于一本伟大的书籍所带来的暗示性力量。

　　无论我们在哪看见那些有钱的老男人无所事事地坐在俱乐部里面，抽着烟，向窗外张望着，在酒店中懒散地消磨着时间，四处旅行，心神不安，不高兴，不知道自己要做些什么，因为他们从来没有为自己生命中的这段时间做出任何的准备。他们将自己所有的精力、雄心，以及所有一切都融入自己的事业当中去了。

　　我认识一位年长的先生，他一直都是一位极其活跃的生意人。他一直对所有发生过的大事了如指掌。在他整个的职业生涯中他一直知晓这个世界将要发生什么事情。退休隐居了的他，现在仍然非常的幸福和满足，就像一个孩子一样，因为他一直都是一位非常热心的读者、阅读的爱好者。

　　那些让自己的思想弯向一个方向时间太长的人很快就会失去自己的灵活性，自己精神上的活力、新鲜度、自发性。

　　请允许我引用一句杜利先生说过的话："阅读不是思考，阅读是为了让头脑得到休息而在睡觉之前最后要做的一件事情。"

　　我个人认为，我更愿意引用多才多艺的英国人罗斯伯里伯爵的例子。在位于西考尔德，密德罗申的卡内基图书馆的开馆仪式的演讲中，他对于书籍的价值进行了非常有特色的评说，内容大致为：

"无论如何，都会有一种情形存在，书籍本身必定有一个目标，而且那就是更新换代和疲劳过后的补充。当对象得到恢复并且得到加强的时候，在想象的世界中失去了这个世界的关心照顾，那么这本书就不仅仅是一种工具了。这是书籍本身的一个目标。书籍会使人焕然一新，得到提高并且能够振奋人心。那些热爱图书的来自各种工作环境的人们，无论是体力劳动者还是脑力劳动者，拖着疲惫酸疼的身躯一头扎进了那些伟大的作家的世界中，这些作家可以使他从地面升起然后进去到一个新的天堂和新的世界，在那里他可以忘记那些伤痛，使自己的手脚得到充分的休息，当他返回到现实世界中时，他又是一个充满活力的快乐幸福的人。"

阿特金斯教授问道："谁能够过度地估计优秀的图书的价值？那一条条思想，就像培根那样精巧细微地称呼他们，飞过时间的海洋，将他们珍贵的货物准确无误地一代接着一代传下去。这里有最为优秀的精神赐予我们的当今和过去的岁月中最为杰出的智慧；这里有在才华上远远超过我们自身的智谋，随时会赋予我们经过终生的耐心思考的结果，想象力对世间万物的美丽敞开着大门。"

优秀书籍的爱好者永远都不会非常地孤单，而且不管他们身居何处，当他们离开了工作之后他们总是能够找到愉快的而且有利可图的职业以及成为社团中的佼佼者。

谁又能对绘画艺术，对于那些将自己最优秀的思想写入我们随时都可以品读的书籍中的作者报以足够的感激？通过他们的书籍与那些伟大的思想进行交流的好处要超过与他们本人接触所带来的。他们的最佳品质生活在他们的书籍当中，而他们那些令人讨厌的怪癖，他们的特异性，他们的那些不太适宜的特征则被排出在书籍之外。在他们的书中我们能发现处于最佳状态的作者。他们在书中的思想是经过精雕细琢、仔细筛选的。书籍朋友总是会随时听候我们的差遣，从来不会打扰我们，或者惹我们生气。不管我们有多么紧张焦虑、疲劳厌倦，或者气馁，他们总是会给我们以安慰、鼓励。

在午夜时分，当我们无法入睡的时候，我们可以呼唤来最伟大的作家，并且他也会非常愿意和我们待在一起，无论在什么时间。我们不会被从巨大的图书世界里的隐匿处或者角落里驱逐出来，我们可以在没有预约的情况下，无须装饰打扮或者遵守任何礼仪的约束，不受任何影响地就去拜访那些曾经非常著名的人物。我们可以在没有及时的通知以及热烈的欢迎的情况下突然拜访弥尔顿、莎士比亚、爱默生、朗费罗①、惠蒂尔②。

"你可以融入社会中去。从最广泛的意义上讲，"盖基③说，"在一间宏大的图书馆里，有着无须任何引荐并且无须害怕遭到拒绝排斥的优点。从拥挤的人群中，你可以选择自己中意的同伴，因为在那些不朽的作家寂静无声的书页当中没有傲慢，并且那些伟人们可以随时听候矮小的人物的差遣，而且是极其的谦逊。你可以自由自在地与任何人说话，无须考虑自己的低下的地位；因为书籍非常有教养，

---

① 朗费罗（Henry Wadsworth Longfellow，1807—1882），美国诗人、翻译家。代表作：《夜吟》《奴役篇》《基督》《伊凡吉林》《海华沙之歌》等。

② 惠蒂尔（John Greenleaf Whittier，1807—1892），美国诗人、编辑、作家和废奴主义者。代表作：《赤脚的男孩》《芭芭拉》和《雪界：一首冬季田园诗》等。

③ 盖基（Sir Archibald Geikie，1855—1924），苏格兰地质学家、作家。

而且要是有一点歧视存在的话是不可能赢得任何一个人的感情的。"

威廉·马修斯说过，"不是年轻人阅读的书籍的数目使他变得聪明和见识广博，而是他已经掌握的那些精心挑选过的书籍的数目，因此他们身上的每一个有价值的想法都是一位熟悉的老朋友"。

只有带着日益加深的乐趣反复阅读书籍的时候，它们才能真正地贴近人的心灵，成为像麦考利所发现的那样，这位老朋友从来没被发现有新面孔，而且无论我们是富有还是贫穷，无论是光辉荣耀还是默默无闻，对我们的态度都是一样。在只读过一两次的情况下，没有谁能够真正地融入优美的诗篇、宏大的历史、精巧幽默的书籍，或是高雅优美的散文集的最深处，人们必须让其中宝贵的思想和实例储藏在记忆的百宝箱之中，然后在闲暇时光里慢慢回味。

"一本图书可能会是一位永恒的伴侣。朋友来来往往，聚聚分分，但是书籍可以分享全部的经历，消磨所有的时间。"

戈德史密斯说："当我初次读到一本优秀的图书的时候，对于我来说就好像是结交了一位新朋友一样。当我再次阅读自己曾经熟读过的书籍的时候，那种感觉就好像是遇见了一位老朋友一样。"

威廉·埃勒里·钱宁[①]说："不管我是多么贫穷，就算我自己一生的成功都不会进入我那昏暗隐蔽的寓所之中；如果那些神圣的作家能够降临并且住在我的屋檐下，如果弥尔顿能够穿过我的门槛向我歌颂天堂，莎士比亚能够向我打开幻想世界的大门并且向我公开发自心灵的作品的时候，尽管被那个据说是在我所居住的地区最优秀的社团

---

① 威廉·埃勒里·钱宁（William Ellery Channing，1780—1842），美国唯一神牧师。

中排挤出来，我也不会再渴望那些睿智的友情了。"

弥尔顿说："书籍像一个宝瓶，把作者生机勃勃的智慧中最纯净的精华保存起来。好书是伟大心灵的宝贵血脉，也因被保存和铭记于心，让生活寻得新生命。"

亨利·沃德·比彻说："一本好书就是一位善良的同伴。它会用丰富的知识实现你所期待的，但是它永远不会纠缠着你。当你心不在焉的时候，它不会冒犯你，如果你转向其他的书页或者服饰甚至是其他书籍的乐趣的时候，它也不会忌妒吃醋。它就这样寂静无声、无须任何回报地满足着人的灵魂，即使对于受到雇佣的爱都不曾这样过。然而更加崇高的是，它似乎是自己一代一代传下去，进入人们的记忆中，翱翔在记忆中的银色转变里，直到外部书籍的灵魂和精神飞到你的身边，然后像精灵一样占据了你的记忆。"

第十章

阅读中的差别

让自己养成每天都阅读十分钟优秀书籍的习惯。倘若你所阅读的是有益于身心的读物，每天的这十分钟将会在未来二十年的时间里形成有教养与无教养之间的差异。

　　让自己养成每天都阅读十分钟优秀书籍的习惯。倘若你所阅读的是有益于身心的读物，每天的这十分钟将会在未来二十年的时间里形成有教养与无教养之间的所有差异。"有益于身心的读物"，我指的是那些世人普遍认同的财富，也就是所有的故事、诗歌、历史以及传记中的精神财富。

　　　　　　　　　　——查尔斯·威廉·艾略特（时任哈佛大学校长）

　　如果你能选择基本百读不厌的书来阅读，那么你很明智，因为这是进行自我修养的根本途径。

　　如果你想选择一些备受追捧的书，最好还是参考一下其他人做出的选择——经久不衰的书籍，那些经过数代读者检验过的经典之作。要是仅仅选择几本，那么就选择那些高品质并且声名显赫的书籍。即使是在那些小图书馆里，这样的图书也很容易找到。

　　这其中最基本的一条原则就是如果你不喜欢某一本书，那么就千万不要去读它。其他人所喜欢的图书，你可能并不喜欢。任何的图书清单都是建议性的，它可能只对那些重视它的人具有约束力。物以类聚。

你是否曾经想过，你正在寻找的东西也正在寻找你呢，这就是相聚在一起的亲和力法则。

如果你的鉴赏能力很粗糙，鉴赏倾向有缺陷，你也不必费尽九牛二虎之力去寻找那些粗糙的、品位低下的书籍；它们也正通过吸引力法则寻找你呢。

一个人阅读的品位与他对于食物的品味非常相像。要尽量避免那些枯燥乏味的书籍，就像人们会拒绝那些令自己讨厌的食物，对于另外一些人来说，这些书籍可能并不那么枯燥乏味，而那些食物也不是那么令人讨厌。全国上下所有的人可能都会吃卷心菜，或者咸鱼，我却两样都不喜欢。因此，每一位读者最终都必须做出自己的选择，而且找到那些正在寻找他们的书籍。任何一个非随意翻阅的读者都会很快地选择一列较短书架上的图书，与那些恰好适合其他人的更长的书架上的图书相比，他们更喜欢前者。每一架上的书籍都是优秀的图书，但哪一架上的书籍都不是最优秀的图书，如果它是最适合你或者我的话，那么它可能就不是最适合于每一个人的。

在印度有一位非常博学之士，在他阅读的时候，当他翻动书页，感觉到手指上一阵刺痛，一条小蛇掉落下来然后蠕动着爬出了人们的视线。这位空谈家的手指开始肿胀，接着是他的胳膊，一小时过后，他失去了自己的生命。

有哪个人注意不到躲藏在家中书籍里的小蛇？通过道德毒药已经改变了小男孩的性格，致使他再也无法和以前一样了。

卡莱尔①将图书分为善恶两部分，这是多么地恰如其分啊。

要是监狱里的囚犯在他们年轻的时候，能够从善恶不同的书籍中选择阅读，去阅读那些催人上进而不是令人堕落的书籍，那么大多数囚犯现在的经历会完全不同。

克里斯琴·克拉克博士在一座大城市里看见柱子上贴了一则醒目的告示："所有的男孩都应该去读发生在西部平原上的精彩故事：亡命兄弟抢劫杀人无人能及，故事怪诞离奇、令人毛骨悚然，价格便宜，只需五美分。"第二天早上，克拉克博士在当地的一份报纸上看到，七个男孩因为盗窃以及抢劫四家商店而被捕。其中一位主犯竟然只有十岁。在他们的成长轨迹中，似乎每一个人都曾经将五美分投资在了那本边境犯罪的故事上。"红眼迪克，落基山脉的恐怖故事"，或者其他一些类似的故事已经毒害了很多年轻人。一本充满了诱惑性使人道德败坏的图书会毁掉一个人所有的雄心壮志，除非他向往那种罪恶的生活。阅读一本对人有害的图书会使一个人以前所有的温柔、美好以及有益的部分化为乌有，会使他判若两人。这种书激起了获得更多被禁止的乐趣的欲望，直到放弃了对更美好、更纯洁、更健康的食物的渴望。这种令人激动的文学作品，时常会沾满不道德的暗示，会为那些遭到禁止的事物办理合法通行证，它对一个人思想上造成的耗散，对于所有正当的思想来说都是致命的。

有一次，一个小男孩拿给另一个孩子一本满是猥亵的话语和图片

---

① 卡莱尔（Thomas Carlyle，1795—1881），苏格兰评论家、讽刺作家、历史学家。他的作品在维多利亚时代甚具影响力。代表作：《论英雄、英雄崇拜和历史上的英雄业绩》《过去与现在》《法国革命》等。

的书籍。他只把这本书拿在手里几分钟。后来他在教堂里获得了一份很重要的工作，并且随后的几年他对一位朋友说，要是没有看到那本书，他可能已经奉献出自己所拥有的全部财富的一半了。

轻松、无味的故事不会给他们带来任何道德品行上的教育，并且已经严重地伤害到了我所认识的一位非常聪颖的女士的头脑。就像那些头脑已经变得麻木，对于毒品已经上瘾的人一样，通过不断持续的精神浪费，她的头脑已经完全意志消沉。同有害的东西过分地亲密便会瓦解对于美好事物的鉴赏力。她对生活的抱负和理想已经发生了彻底的改变。她仅有的乐趣就是通过邪恶的、不健康的文学书籍所带来的幻想的兴奋。

与生性轻浮、肤浅的人熟识相比没有什么其他的事物能够更加迅速地损害善良的思想。即使他们可能并不是真正地充满邪恶，但如果他们所阅读的书籍与实际生活不相符、不能给人以训诫、不能启迪心智，而仅仅是为了刺激人的激情和病态的好奇心，那么所有的这些都会在很短的时间内毁掉最优秀的那一部分思想。它往往会使人的理想破灭并且毁灭所有阅读优秀读物的品位。

在我们进行阅读的过程中，我们可能会暗中地接触到那些杀人害命的毒药，或者我们可能吸收进那些力求我们向上仰望的激励和鼓舞。某些书籍的毒害是极其危险的，因为非常难以捉摸，恶魔通常都会将自己装扮一番以使自己看上去十分善良。小心这样的书籍，尽管它们可能并不包含一个邪恶的词语，却散发着邪恶的迹象。

书籍中弥漫的精神，作者在写书时思想中潜在的动机都和这本书的影响力有着莫大的关系。读那些能让你高瞻远瞩的书籍，读那些能激励你成为更伟大的人、能在这世界上做出更大贡献的书籍。

读那些让你更多地去思考自己并且更加相信自己和别人的书籍。要小心那些动摇你对自己同伴的信心的书籍。读那些有助益的图书，那些可以称得上是建筑者的书籍；尽量避免那些拆卸者。要小心那些逐步破坏你对男性的信任、对女性的尊重的作者，他们会动摇你对于家庭的神圣性的信仰并且会嘲笑宗教信仰，他们暗中破坏了责任感和道德义务。

那些我们经常拿在手中并且最为重视的书籍存储着我们的兴趣和志向。任何一个陌生人都可以通过仔细地调查和分析一个自己从来没有见过的人的阅读材料，将这个人的自传写得相当出彩。

读书、读书、尽可能地读书。但是千万不要去读那些有害处的书籍或者不良书籍。生命非常短暂，时间非常宝贵，因此我们不能将时间用在阅读每一本书籍上，只能花在那些最优秀的书籍上。

任何一本能够带走你对于一本更优秀的书籍的渴望的图书对你都是有害处的。

许多人仍然坚信让年轻人去读那些虚构的文学作品是件有害处的事情。他们认为年轻的思想会因阅读那些他们认为并不真实的东西，对于纯粹幻想出来的英雄的描述，以及那些从来没有发生过的事情的描述而在道德上开始变得扭曲。现在，这是一个大问题的非常狭窄、非常有限的一个方面。那些人并不理解想象的功能，他们并不知道大多数即使在孩童时期就一直活在我们的思想中的虚幻的英雄，他们对我们的生活的影响要比那些有血有肉的现实人物更加真实。

狄更斯笔下那些非凡的人物，似乎比我们曾经遇见过的人物更加真实。他们已经陪伴着千百万人从孩提时代直至老年，并且对那些人一生的影响都是有益的。我们中的许多人都会把从我们的记忆中将这些小说中的人物清除出去并且带走这些人物对我们的生活的影响视作一场巨大的灾难。

读者有时候会因为一部优秀的小说而变得异常兴奋，他们的思想被提升到勇敢和大胆的高度，他们的天资是如此尖锐和牢固，他们所有的天性都被激发了出来，因此他们可以暂时去尝试完成那些对他们来说在没有激励的情况下不可能完成的事情。

在我看来，这是虚构的文学作品最重要的价值之一。如果它是对人有益并且能够鼓舞人心的，那么它对于所有的思维和品行能力来说是一种非常优秀的锻炼；它能增加人的勇气；它能激发人的热情；它可以将头脑中的脑力垃圾清除出去，而且真正能够加强领会新的原则以及设法解决生活中的困难的能力。

许多丧失了信心的灵魂通过阅读优秀的爱情故事已经焕然一新、精神充沛，已经重新踏上新的生活旅途。我回想起一部小说，名叫"魔法故事"，这本书帮助了非常多丧失了信心的灵魂，在他们准备放弃努力的时候，赋予了他们新的希望、新的生活。

阅读优秀的小说是一种相当优秀的想象力训练方法和想象力建设者。通过暗示和联想，它激发人的想象力，有力地增强人的想象能力，并且保持它的健康活力与生气，而且对身心有益的想象力在每个头脑理智并且值得尊敬的人的一生中扮演着重要的角色。对我们来说，它使得将那些讨厌的过去关在门外，随意地将我们所犯下的错事、失败以及不幸和骇人听闻的记忆关在门外成为可能；它帮助我们忘记自己的烦恼和悲伤，并且可以随意地进入我们自己创造的崭新的世界，一个我们可以按照自己的意愿将其装扮得漂亮、雄伟的世界。

想象力是财富、奢侈品以及物质需求非常不错的替代品。不论我们是多么贫穷，或者多么不幸，我们甚至可能卧床不起，我们都可以在想象力的帮助下环游世界，参观那些伟大的城市，并且亲自创造最美好的事物。

约翰·赫希尔①先生讲述了一件有趣的逸事阐明了源自于书本的乐趣，这种乐趣并不一定是顶级的。在某个小村庄里，一位铁匠拿着理查德森的小说《帕米拉》（又名《美德得报偿》），习惯在夏日的漫漫长夜坐在自己的铁砧上，大声地朗读给广大留心的听众。这本书决不是短篇，但是他们都听得相当认真。"最后，当命运的幸福转折点来临的时候，根据最为普遍认同的准则，书中的男女主人公走到了一起，然后一直幸福长久地生活下去，人群是那么欢欣鼓舞，并报以巨大的欢呼，然后获得了教堂的钥匙，实际上是让教区的钟声响起。"

《室内》杂志的编辑不久前说道："现在它全都回到我的身边了，冬日夜晚的老宅，窗帘垂落，燃烧的炉火散发着适宜的温暖气息，荫蔽的灯光散发着性情温和的光辉。一个十五六岁的男孩俯身拿起一册借来的海洋故事集。他读了四个小时，忘记了周围的环境，直到他的父母因为这不同寻常的安静开始注意到他。他们发现这个孩子带着抑制的兴奋从头到脚不停地颤抖。父亲的大手放在画册上，断然

---

① 约翰·赫希尔（Sir John Herschef, 1792—1871），英国数学家、天文学家、化学家、发明家、实验摄影家。

地把它合上了，然后命令道，'五年之内不可再看小说了'。这个男孩离开了自己的床，不喜不悲，在想自己是找到了束缚还是达到了自由。"

"实际上他两种都达到了。因为那种强制的命令不分青红皂白地就不许他在个性形成的重要时期接触文学作品，这些文学作品可以点燃他的创造力，丰富他的想象力，并且提高他的表达能力。但是这条禁令将这个男孩从可能的堕落拯救到了地狱之中，它创造了历史上的英雄，而不是神话中的半神半人，他的同伴，并且在文学作品的想象中将这些旅行保存到更加成熟的年月，而这种想象要么将年轻人引领至天堂，要么拖入地狱。"

"在以前从来没有过像现在这样对于小说的需求，而且它的用途也从来没有比现在更多的机遇。没有什么其他的事物会像生活那样对人生充满了吸引力。但是小说里的核心人物所渴望的并不是'就照目前这样生活下去'。而是朝它应该的那个样子生活下去。我们想要的不是软弱无力的人，而是那些坚强有力的人；不是那些平平庸庸的人，而是那些非凡卓越的人。没有人反对'论题小说'，除了那些反对相关论题的人。在大师们的手中，带着极大的热情、极温柔的情感、最神圣的希望，经过一些本色处理，在宏伟的视野中可以描绘出并且提升所有这些精神力量。然而作为历史事件，我们看到小说已经完成了某一辈人的任务，对于这项任务布道者已经毫无效果地努力了将近百年的时间。认识到了这一点，说出没有什么最终没能产生故事的哲学理论、没有革新家的希望，或者没有圣徒的祈祷这样的话都是安全的。小说拥有一对翅膀，而逻辑则挂着拐杖缓慢前行。在它利用形而上学家来确定出前提的时候，小说家就已经达到了目标——而且在他之后察觉到了熙熙攘攘的喧嚣。"

    按照书籍的受欢迎程度排序，由几年之前文学新闻的读者评选出，下面这些就是世上最优秀的十本小说：

《大卫·科波菲尔》	狄更斯
《艾凡赫》	司各特
《亚当比德》	艾略特
《红字》	霍桑
《名利场》	萨克雷
《简·爱》	勃朗特
《汤姆叔叔的小屋》	哈利特·比彻·斯托
《纽克姆一家》	萨克雷
《悲惨世界》	维克多·雨果
《约翰·霍利法克斯》	马洛克·克雷克

    下面这十本最优秀的小说，是由相同的选民评选出的，与前述的那十本书一同构成了世界上最受欢迎的二十本书，它们是：

《肯尼沃斯城堡》	司各特
《亨利·艾斯芒德》	萨克雷
《罗慕拉》	乔治·艾略特
《庞贝城的末日》	利顿
《米德镇的春天》	乔治·艾略特

《玉石雕像》	霍桑
《彭登尼斯》	萨克雷
《希帕蒂亚》	查尔斯·金斯利
《带有七个尖角阁的房子》	霍桑
《弗洛斯河上的磨坊》	乔治·艾略特

对于那些喜爱有着潜在主题的小说的人来说，下面这张由汉密尔顿·莱特·玛比亚为妇女家庭杂志所列的清单，将会提供一个令人满意的选择范围：

《浓汤》	丘蒙德莉
《海伦娜的觉醒》	德兰
《菲利浦和他的妻子》	德兰
《爱国者》	佛加吉罗
《圣徒》	佛加吉罗
《罪人》	佛加吉罗
《潜流》	格兰特
《无酵饼》	格兰特
《德伯家的苔丝》	哈代
《普通签》	赫里克
《他的儿子》	韦切尔
《欢乐之家》	沃顿
《树之果实》	沃顿

下面一些关于社会学问题的小说：

《设身处地》	里德
《亡羊补牢，犹未晚也》	里德
《菲力克斯·霍尔特》	艾略特
《众生浮世记》	贝赞特
《深渊》	诺里斯
《父与子》	屠格涅夫
《真理调》	左拉
《回顾》	贝拉米
《叫花子》	道格尔
《悲惨世界》	雨果
《汤姆叔叔的小屋》	哈利特·比彻·斯托

情节类小说：

《月亮宝石》	柯林斯
《金银岛》	斯蒂文森
《简·爱》	勃朗特
《密德罗申监狱》	司各特
《巴黎圣母院》	雨果
《亡羊补牢，犹未晚也》	里德
《弗洛斯河上的磨坊》	艾略特
《绿林荫下》	哈代
《我们共同的朋友》	狄更斯

《三个火枪手》 大仲马

《基督山伯爵》 大仲马

人物研究小说：

《傲慢与偏见》 奥斯丁

《多愁善感的汤米》 巴里

《米德尔马契》 艾略特

《安娜·卡列尼娜》 托尔斯泰

《约瑟夫·凡斯》 德·摩根

《卡斯特桥市长》 哈代

《红字》 霍桑

《塞拉斯·拉帕姆的发迹》 豪威尔斯

《淑女本色》 詹姆斯

《利己主义者》 梅瑞狄斯

《礼拜堂》 沃顿

《神火》 辛克莱尔

《名利场》 萨克雷

《化身博士》 斯蒂文森

现实主义小说：

《安娜·卡列尼娜》 托尔斯泰

《黛丝米勒》 詹姆斯

《波士顿人》 詹姆斯

《亚当·彼得》　　　　　　艾略特

《弗洛斯河上的磨坊》　　　艾略特

《雾都孤儿》　　　　　　　狄更斯

《一双湛蓝的秋波》　　　　哈代

《新财富的危害》　　　　　豪威尔斯

《欢乐之家》　　　　　　　沃顿

《普通签》　　　　　　　　赫里克

浪漫主义小说：

《巴黎圣母院》　　　　　　雨果

《大卫·鲍尔弗》　　　　　斯蒂文森

《圣艾芙》　　　　　　　　斯蒂文森

《奥托王子》　　　　　　　斯蒂文森

《拥有与占有》　　　　　　约翰·斯顿

《查尔斯·奥玛丽》　　　　利弗

《盖伊·曼纳林》　　　　　司各特

《惊婚记》　　　　　　　　司各特

《玉石雕像》　　　　　　　霍桑

《艾萨克斯先生》　　　　　克劳福德

幽默小说：

《威克斐牧师传》　　　　　戈德史密斯

《绿林荫下》　　　　　　　哈代

《深港》	朱伊特
《鲁德·格兰奇》	斯托克顿
《老城的人们》	斯托
《堂吉诃德》	塞万提斯

著名的学者，约翰·卢伯克爵士在他总结的"百部优秀图书"的清单上列出了以下这些现代小说的代表：

《爱玛》或者《傲慢与偏见》	奥斯汀
《名利场》和《彭登尼斯》	萨克雷
《匹克威克外传》和《大卫·科波菲尔》	狄更斯
《亚当·彼得》	艾略特
《向西去啊》	金斯利
《庞贝城的末日》	布尔沃·利顿

沃尔特·司各特所有的小说

由汉密尔顿·莱特·梅彼编辑整理的供年轻人阅读的图书的清单在下面按好坏等级列出来。这张清单尤其得到了教师和家长们的重视。

供五岁以下儿童阅读的书籍——

女孩：

《鹅妈妈》《经典育儿故事——灰姑娘》《三只小熊》《小红帽》《七个小矮人》，等等。

《民间故事和寓言故事》   贺拉斯·伊莱莎·斯卡德

《故事天地》   伊丽莎白哈里森

《在儿童的世界里》   埃米莉

《一个少年歌手的歌》 内德灵·戈尔·威廉·哈罗德

《故事时间》   凯特·道格拉斯·威金、

           诺拉·阿奇博尔德·史密斯

《善良的仙女和兔子》 艾伦·A. 格林

《猫的故事》   海伦·亨特·杰克逊

《圣经故事》

男孩：

《鹅妈妈》（尼斯特尔插画版）《动物园图书》《农场图书》《闷闷叫的牛》《我们的狗类朋友》、欧内斯特·尼斯特尔编著的动物图书、H. E.斯卡德编著的《民间故事集》、《神话故事——格林和安徒生童话》、简·安德鲁斯著述的《大自然母亲告诉孩子》、《伊索寓言》、罗伯特·路易斯·斯蒂文森编著的《儿童诗歌乐园》、《圣经故事》。

供五岁至十岁的孩子阅读的书籍——
女孩：

《爱丽丝梦游仙境》   刘易斯·卡罗尔

《爱丽丝镜中奇遇记》 刘易斯·卡罗尔

《摇篮曲》   尤金·菲尔德

《七个小姐妹》   简·安德鲁斯

《会玩会工作》   伊迪斯·阿尔及尔

《小古蒂的两只鞋》   查尔斯·威尔士编辑

《玛菲特小姐的圣诞派对》   萨缪尔·麦科德克·劳瑟思

《海华沙之歌》   朗费罗

《五分钟故事》   劳拉·伊丽莎白·理查兹

《小瘸腿王子》   玛利亚·马洛克·克雷克

《布朗妮黛娜历险记》   玛利亚·马洛克·克雷克

《亚瑟王的传说》   弗朗西斯·尼莫格林

《玫瑰与戒指》   萨克雷

《大师们的儿童故事》   乔治·麦克唐纳

《北风的背后》   乔治·麦克唐纳

《民谣》   爱丽丝、菲比·克雷

男孩：

《金河王》   鲁斯金

《水孩子》   金斯利

《正像故事一样》   吉普林

《和鲁纳斯叔叔在一起的夜晚》   哈里斯

《自然界的传说》   K. A. 格雷尔

《克莱比和弗莱：两只护卫狗的故事》   查尔斯·威尔斯编辑

《孩子王阿瑟》   悉尼·拉尼尔

《罗兰的故事》   詹姆斯·鲍德温

《西格弗里德的故事》	詹姆斯·鲍德温
《黄金岁月的故事》	詹姆斯·鲍德温
《游览伦敦》	爱德华·维罗尔·卢卡斯
《托比泰勒》	詹姆斯·奥蒂斯
《好人与英雄》	罗伯特·爱德华·弗兰西昂
《蜂鸣器》	莫里斯·诺伊尔
《森林王子》	基普林
《森林王子（续）》	基普林
《拉布和他的朋友》	约翰·布朗博士
《黑美人》	安娜·休厄
《路边男孩》	安娜·安德鲁斯
《伟大美国的基石》	爱德华·埃格尔斯顿
《奇迹书》	霍桑
《杂林别墅里的希腊神话》	霍桑

供十岁到十五岁孩子们阅读的书籍——

女孩：

《小妇人》	路易莎·梅·奥尔柯特
《小绅士》	路易莎·梅·奥尔柯特
《旧式女孩》	路易莎·梅·奥尔柯特
《紫丁香树下》	路易莎·梅·奥尔柯特
《乔的男孩们》	路易莎·梅·奥尔柯特
《两个流浪儿》	莫尔斯·沃思女士

《我们》	莫尔斯·沃恩女士
《莎士比亚戏剧故事集》	兰姆
《弗朗克尼亚逸事》	雅各布·艾伯特
《萨拉克鲁：小公主》	伯内特女士
《天路历程》	约翰·班扬
《织工马南》	艾略特
《弗洛斯河上的磨坊》	艾略特
《水精灵温蒂》	福柯
《洛纳·杜恩》	布莱克·摩尔
《希尔德加德系列》	劳拉·伊丽莎白·理查兹
《小大臣》	詹姆斯·马休斯·巴里
《太阳溪农场的丽贝卡》	凯特·道格拉斯·维珍
《丽贝卡新三部曲》	凯特·道格拉斯·维珍
《多萝西历险记》	乔斯林·刘易斯
《吉普赛图书》	伊丽莎白·斯图亚特·费尔普斯·沃德
《小杨柳》	哈里特·比彻·斯托
《六到十六》	茱莉安娜·赫拉提亚·伊玲
《伦敦道尔的记忆》	法里斯蒂尔
《康斯坦丁神甫》	卢多维奇·哈勒维
《雏菊花环》	夏洛特·玛丽·让
《房屋的石柱》	夏洛特·玛丽·让

男孩：

《天方夜谭（加长版）》

詹姆斯·费尼莫尔·库柏的小说

《老友记》	斯托克顿
《印第安纳校长》	爱德华·埃格尔斯顿
《午夜太阳之地》	杜·才鲁
《汤姆求学记》	休斯
《七海豪侠》	理查德·亨利·丹纳
《两个小野人》	欧内斯特·托马斯·塞顿
《林肯的童年生活》	海伦·尼古拉
《大山》	H. A. 瓦谢尔
《历险故事》	爱德华·埃弗雷特·希尔
《男孩们的英雄》	爱德华·埃弗雷特·希尔
《小飞鼠的故事》	伯勒斯
《小鸟和蜜蜂》	伯勒斯
《金银岛》	斯蒂文森
《顽童故事》	奥尔德里奇
《后备丈夫》	弗雷德里克·玛莉娅特
《瑞士家庭鲁滨逊》	约翰·鲁道夫维斯
《瑞普·凡·温克》	欧文
《睡谷传说》	欧文
《孤身环球航行》	约书亚·斯洛克姆
《他国的男孩》	贝阿德·泰勒

《两个小死党》　　　　　　内尔森·佩奇·阿兹特克

《财富屋》　　　　　　　　托马斯·爱德华·詹维尔

《向西去啊！》　　　　　　查尔斯·金斯利

《飞过剧场穹顶的鸟》　　　F. A. 梅利亚姆·贝利

《奥德赛的译本》　　　　　G. H. 帕尔默

《三个希腊男孩》　　　　　丘奇

《年轻的马其顿人》　　　　丘奇

《马可波罗游记》　　　　　T. W. 诺克斯

《少年团的日子》　　　　　查尔斯 金

《西点军校的生活》　　　　H. I. 汉考克

《银冰鞋》　　　　　　　　玛丽·梅普斯·道奇

《半身》　　　　　　　　　拉尔夫·亨利·巴伯

《国界的背后》　　　　　　拉尔夫·亨利·巴伯

《加菲尔德的生活》　　　　威廉·奥斯本·斯托达德

《失去祖国的人》　　　　　爱德华·埃弗雷特·希尔

《1898年的蓝色夹克衫》　　威利斯·约翰·阿博特

《战地》　　　　　　　　　威利斯·约翰·阿博特

《普卢塔克》　　　　　　　约翰·S. 怀特

《爱的教育》　　　　　　　埃得蒙多·德·亚米契斯

《古罗马法律》　　　　　　麦考利

《哈罗德》　　　　　　　　莱顿

供十五岁到二十周岁的年轻人阅读的书籍——

女孩：

《约翰·霍利法克斯》	马洛克·克雷克夫人
《绅士》	马洛克·克雷克夫人
《新英格兰修女》	玛丽·E. 威尔金斯

T. B. 阿尔德里克短篇故事

简·奥斯丁的小说

查尔斯·里德的小说

《伊利亚随笔》

《芝麻与百合（追求生活的艺术）》	约翰·鲁斯金
《野橄榄花冠》	约翰·鲁斯金
《小河》	亨利·范·戴克
《统治的热情》	亨利·范·戴克
《拥有与占有》	玛丽·约翰斯顿

托马斯·内尔森·佩奇的短篇小说：《圣伊拉里奥》《萨拉系内斯卡》《卡里昂》《马雷塔》　弗兰西斯·马丽思·克劳福德

《佩内洛普在英格兰的经历》	凯特·道格拉斯·威金
《佩内洛普的成长史》	凯特·道格拉斯·威金
《佩内洛普在爱尔兰的经历》	凯特·道格拉斯·威金
《塞拉斯·拉帕姆的发迹》	豪威尔斯
《在印度的一个夏天》	豪威尔斯
《英文诗代表作（英美作家）》	亨利·范·戴克、哈丁·克雷格
《美国名诗选集》	斯特德曼

《维多利亚时代名诗选集》　　　斯特德曼

男孩：

《宾虚》　　　　　　　　　　　卢·华莱士

《罗布·罗伊》　　　　　　　　沃尔特·司各特爵士

《艾凡赫》　　　　　　　　　　沃尔特·司各特爵士

《弥德洛西恩的心》　　　　　　沃尔特·司各特爵士

《艾伯特》　　　　　　　　　　沃尔特·司各特爵士

《肯纳尔沃思堡》　　　　　　　沃尔特·司各特爵士

《见闻札记》　　　　　　　　　华盛顿·欧文

《早餐桌上的独裁者》　　　　　霍姆斯

《代表人物》　　　　　　　　　爱默生

费尼莫尔·库柏的小说

《金》　　　　　　　　　　　　基普林

《勇敢的上尉》　　　　　　　　基普林

《杰克·哈扎德》　　　　　　　约翰·汤森德·特罗布里奇

《绑架》　　　　　　　　　　　斯蒂文森

《杜里世家》　　　　　　　　　斯蒂文森

《大卫·鲍尔弗》　　　　　　　斯蒂文森

《亨利·埃斯蒙德》　　　　　　萨克雷

《弗吉尼亚人》　　　　　　　　萨克雷

《纽克姆一家》　　　　　　　　萨克雷

《彭登尼斯》　　　　　　　　　萨克雷

《大卫·科波菲尔》　　　　　　狄更斯

《尼古拉·尼克莱比》	狄更斯
《马丁·朱述尔维特》	狄更斯
《双城记》	狄更斯
弗朗西斯·帕克曼的历史书籍	
《伟大作家系列传记》	
《美国政治家系列传记》	
《美国学者谢列传记》	
《三个火枪手》	大仲马
《黑郁金香》	大仲马
《野性的呼唤》	杰克·伦敦
《患难与忠诚》	查尔斯·里德
《设身处地》	查尔斯·里德
《失聪人》	埃蒙德·艾伯特
《大山之王》	埃蒙德·艾伯特
《弗吉尼亚人》	欧文·威斯特
《英国短篇故事》	约翰·理查德·格林
约翰菲斯克的历史书籍	
《荷兰共和国的兴起》	J．L．莫特利
《一个勇敢的荷兰少年》	W．E．格里芬
《费迪南德和伊莎贝拉》	普雷斯科特
《勇敢的查理斯》	J．F．柯克
《佛罗伦斯的缔造者》	奥丽芬特夫人
《威尼斯的缔造者》	奥丽芬特夫人

《爱丁堡皇室家族》　　　　　　　　　奥丽芬特夫人

《德国故事》　　　　　　　　　　　　S. B. 高尔德

《挪威故事》　　　　　　　　　　　　H. H. 博伊森

《征战墨西哥》　　　　　　　　　　　普雷斯科特

《中西部的英雄们》　　　　　　　　　凯瑟伍德夫人

《占领》　　　　　　　　　　　　　　戴伊

《国家起源》　　　　　　　　　　　　爱德华·埃德莱斯顿

《美国1776》　　　　　　　　　　　　斯库勒

《西部的胜利》　　　　　　　　　　　罗斯福

《恺撒的一生》　　　　　　　　　　　弗洛德

《约翰逊的一生》　　　　　　　　　　博斯韦尔

《查尔斯·詹姆斯·福克斯的早年生活》　特里维廉

《麦考利的一生》　　　　　　　　　　特里维廉

《司各特的一生》　　　　　　　　　　洛克哈特

《尼尔森的一生》　　　　　　　　　　索锡

《乔治四世》　　　　　　　　　　　　萨克雷

《林肯的一生》　　　　　　　　　　　尼古拉和海

《罗伯特·爱德华·李的一生》　　　　约翰·埃斯腾·库克

威廉·P. 特伦特　合著

《乔治·华盛顿》　　　　　　　　　　霍勒斯·E. 斯卡德

《鲁道夫·瓦尔多·爱默生》　　　　　霍姆斯

《奥利弗·克伦威尔》　　　　　　　　约翰·莫利

第十一章

读书，雄心的
策动力

有些书籍已经激发了人们的理想并且很大程度上影响了整个国家。阅读之中所蕴含的最伟大的意义就是进行自我发现。有鼓舞力的、影响性格形成的、影响人生成长的书籍对于进行自我发现这个目标都是有帮助的。

　　我不知道还有什么其他的事情会比对于那些有着伟大崇高的性格的人进行研究，阅读那些伟人的自传更能扩张人的理想、提升人的生活标准。在国外的时候，对于我来说想要避免和那些蠢笨之人的来往是不可能的。在我的论文中，我能够召唤来最有造诣的人才、最博学的哲学家、最明智的顾问、最伟大的将军，并且让他们供我差遣。

　　　　　　　　　　　　　　　　——威廉·韦勒爵士[①]

　　阅读之中所蕴含的最伟大的意义就是进行自我发现。有鼓舞力的、影响性格形成的、影响人生成长的书籍对于进行自我发现这个目标都是有帮助的。

　　有些书籍已经激发了人们的理想并且很大程度上影响了整个国家。当书籍能够催人奋进、唤醒人们沉睡着的希望，又有谁能估量出它们的价值呢？

---

　　① 威廉·韦勒爵士（Sir William Waller，1597—1668），英国著名将军、国会议员。

我们都知道，科顿·马瑟①的《为善散文集》影响了本杰明·富兰克林的整个职业生涯。

我们是不是都很渴望与那些能激励我们成就伟业的人交往呢？那么就让我们读一些令人振奋的书籍吧，这些书籍能够激励我们充分地发挥自己的潜能。

我们都知道，在我们读完了一本能够深深影响自己的书籍后，我们自身会发生多么彻底的转变。

数以千计的人们通过阅读某些书籍发现了真正的自我，这些书籍打开了一扇大门，让人们第一次瞥见了自己的希望。我认识一些男男女女，因为他们曾经花费大量时间去阅读优秀的书籍，他们的生活已经受到了影响，他们职业生涯的整个趋势已经彻底改变，被提升到了他们最美好的梦想舞台上。

康奈尔大学校长曾经说过："在我们这个国家需要其他人教授的最重要的事情就是真理、简单的伦理道德、正确与错误之间的差别。应该重点强调一下在国家的变迁过程中最优秀的品质是什么，应该重点强调一下高尚的需求和牺牲，尤其应该强调那些能够表明伟人不是伟大的雄辩家，或狡猾的政客的东西。他们就是祸根，我们所需要的是品德高尚的人。随着对那些轻浮妄动的年轻男女的惩罚，随之产生的是国家的损失，这些青年男女从那些对身心健康有益的书籍中没有获得一丁点儿的道德上的毅力。"

如果年轻人学会了以历史上的那些伟人的思想为食的话，他们就永远也不会再满足于那些普通的或者更低标准的思想，他们永远也不

———————

① 科顿·马瑟（Cotton Mather，1663—1728），美国作家、清教徒牧师。

会再满足于平凡，他们会去追求一些更高尚、更高雅的东西。

没有珍藏一些优秀的思想就匆匆流过的一天并没有得到有效的利用。每一天都是人生这本图书的一页。

经典书籍，像手册《为了每日的需求进行每日的强化》、C. C. 埃佛里特教授的图书《年轻人道德伦理学》、露西·艾略特·基勒的图书《如果来生我还是女孩》、埃玛·F. 沃克尔博士的图书《健康透露着美丽》、罗伯特·L. 斯蒂文森①的散文《绅士》（选自他的《人类和图书的非正式研究》）、斯迈尔斯的《自我帮助》、约翰·鲁斯金的《芝麻与百合》，以及根据多年以前由汉密尔顿·莱特·梅比在《淑女之家》杂志上所言命名的励志书籍，《推进前线》——这是一本能使年轻人们更加诚信可靠的文学作品，所以马歇尔·菲尔兹和约翰·沃纳梅克在重要商业会议的管理过程中都需要这些书籍的帮助。那些在今后的日子里能够有更大的成就的人是那么幸运，他们开始熟悉那些不知道出生于康科德的哲学家爱默生，并且不知道远古时代的伟大作者，马库斯·奥勒流、埃皮克提图和柏拉图的读者会带着兴趣走过来。

---

① 罗伯特·L. 斯蒂文森（Robert Louis Stevenson，1850—1894），苏格兰小说家、诗人与旅游作家，也是英国文学新浪漫主义的代表之一。史蒂文森受到了许多作家的赞美，其中包括欧内斯特·海明威、约瑟夫·鲁德亚德·吉卜林、豪尔赫·路易斯·博尔赫斯与弗拉基米尔·纳博科夫等知名作家。然而许多现代主义的作家并不认同他，因为史蒂文森是大众化的，而且他的作品并不符合他们所定义的文学。直到最近，评论家开始审视史蒂文森而且将他的作品放入西方经典中。代表作：《金银岛》《化身博士》《黑剑》《绑架》《回忆与肖像》《维琴伯斯·普鲁斯克集》等。

奥林匹斯的诗人，

做出了下面这神圣的诗句，

什么能够总是发现我们的年轻，

并且总是保持着我们的年轻。

除了阅读小说以外，游记对精神上的消遣是非常适宜的，接着要有一些自然研究、科学以及诗歌，所有的这些书籍都提供了对身心健康有益的娱乐消遣，所有的这些书籍都能够提升人的性格，其中的一些还能打开某些顶级科学研究领域的大门，就像和《自然科学》这本期刊杂志同等级的那一系列书籍。

很多优美的散文现在都非常流行而且有了真正的诗文特征的感觉，缺少的只是有韵律的形式。对于诗歌的阅读和研究就像是人们对于自然景物中的美丽的兴趣一样。熟悉通晓丁尼生、莎士比亚以及其他才华横溢的英国诗人的作品，其本身就是一种心智修养。罗夫编写的莎士比亚是缩印本，而这样编辑的目的就是为了方便使用。帕尔格雷夫的最优秀的歌曲和英文版的抒情诗歌，就是在丁尼生的建议和合作下编辑完成的。他的《孩子们的财富》这首抒情诗非常具有吸引力。爱默生的《巴纳萨斯》以及惠蒂尔的《三世纪的歌》都是历史上非常著名的优秀诗集。

从前，对于在家庭中完成大学教育来说没有什么切实可行的替代品能够价格这样低廉、这样容易获得、这样充满魅力。各种不同类别的知识以最具有吸引力、最引人关注的方式摆在我们的面前。现如今，在成千上万的美国家庭中能够发现世界文学最上乘的那一部分作品，而在五十年前这些作品只能属于那些富有的人。

在这样的条件下要是哪个美国人竟然愚昧无知地长大成人，在这样不可思议的提升自我的机会面前还未接受教育的话，这是件多么耻辱的事情啊！确实，现如今各个领域内的大多数优秀书籍都是以期刊、短文的形式出现的。许多伟大的作家将大部分的时间浪费在旅行和调查这种苦差事上，浪费在为文章收集素材上，而且杂志出版商为了让读者能够花上十美分或者十五美分就能获得的书籍往往要花费数千美元。这样读者从期刊杂志和书籍中所获得的就是毫无价值的文学作品，这便是我们那些伟大的作家们长年累月地艰苦工作和调查的结果。

纽约有一位百万富翁，他是一位商业巨头，让我去接管他位于第五大街的豪宅，每个房间都称得上是建筑师和装潢师的杰作，都堪称是室内装潢艺术的典范。我被告知单单一间卧室的装潢费用就已经达到了近万美元。墙上油画价格惊人，房屋四周都是代表着财富的笨重而又昂贵的家具，还有帐帘帷幔，而地板上覆盖着的地毯看上去几乎不能贸然地去踩踏。他花费了这样一大笔费用仅仅是为了得到物质上的乐趣、安逸、奢华以及炫耀，但是在这间房子里几乎没有一本图书。过度地考虑物质方面以及类似的家庭中的孩子们精神上的匮乏是件多么可悲的事情啊。他跟我说在他来到这个城市的时候他只是一个贫穷的小男孩，他所拥有的全部家当都包在一个红色的手帕里。他说："我现在是百万富翁了，但是我想告诉你我愿意为了接受正规的教育付出我一半的家当。"

许多有钱人都向那些值得信赖的朋友以及自己的心灵承认过，他会捐献出自己一半的财富，如果必要的话，会倾其所有。为的就是看见自己的孩子，一个具有男子汉气概的人，能够避免那种由优裕的生活造成并且得到鼓励的习惯，直到他们到达了罪恶和堕落的顶点，甚至可以说一种犯罪，而且他们已经认识到了在自己所有充足的供给当中，他们没能提供那种可以将儿子和自己从失败和折磨之中拯救出来的东西——家中的图书。

有这样一种财富，即使这个国家最贫穷的机械工人和日工都能触手可及，但古时的皇帝都不曾拥有，那便是博学、有教养的思想带来的财富。在当今报纸横行的时代，在当今这种充斥了廉价图书和期刊杂志的时代，对于愚昧无知、粗鲁、未经教化的思想来说是没有任何借口的。在今天如果每个人都拥有健康并且充分地利用了自己的天赋，那么每个人都不会有这种程度的缺陷：他们本身不能拥有那种能使其他人的生活变得丰富多彩并且使他们加入那些最有教养的人中间去并与他们进行交谈的财富。只要人们能够一直拓宽自己的思想，不断鼓舞并且提高自己，将自己从愚昧野蛮的生存状态中拯救出来，投入知识的神圣殿堂中去，就不会有人贫穷。

玛丽·沃思利·蒙塔吉[1] 说过，"没有哪种娱乐消遣能够像读书这样价格低廉"。"也不会有任何一种乐趣像读书这样持久。"优秀的图书可以提升人的气质，净化人的品位追求，将注意力从低俗的乐趣中摆脱出来，并且能够将我们提升到更高的思考和生活的层面上。

---

[1]　玛丽·沃思利·蒙塔吉（Mary Wortley Montague，1689—1762），英国贵族、诗人、信件编辑作家。

约翰·卢伯克^①说过："英国人花费在阅读图书上的大部分时间来自于他们从在监狱和警察局的时间中节省出来的。"即使是家庭贫穷的孩子都能顺畅地同历史上所有伟大的哲学家、科学家、政客、勇士、作家沟通交谈，却只需要微不足道的开销，因而居住在土阶茅舍里的人们也可以紧紧追随各个国家的基石前进，跟随历史的各个时期行走，效仿自由权利的奋斗，追求世间的浪漫爱情故事，以及追寻人类发展进步的进程。

卡莱尔说过大量的图书收藏就是一所大学。有成千上万雄心勃勃、精力充沛的人在自己的学生时代错过了接受教育的机会，并因此感到举步维艰，他们没能抓住这个问题的重点，没有认识到这种伟大的生活添加剂逐渐积累起来的巨大潜能，没能认识到那些可以完美替代大学教育的书籍。

你曾经去过那种接受过良好的教育、目光犀利的雇主那里寻找工作机会吗？你不必刻意地去告诉他自己读过的书籍的名字，因为他们已经根据你的面孔和言谈留下了不可磨灭的印象。你那紧缩的、匮乏的词汇量、缺乏文雅、多俚语的表达方式，都会告诉他你将自己的宝贵时间浪费在了那些毫无价值的东西上。他知道你并没有合理地组织自己的时间。他知道成千上万的男男女女为了进行系统的、对人有益的阅读，想方设法寻找时间用于紧跟世界的脉搏，尽管他们的生活中充斥着日常工作和职责。

切尔西区的圣人（为英国19世纪作家托马斯·卡莱尔之别称）

---

① 约翰·卢伯克（Sir John Lubbock，1834—1913），英国银行家、政治家、慈善家、科学家。

曾经说过："在尘世间人们所能从事或者完成的事情之中，最重要、最惊人并且最有价值的便是那些我们称之为书籍的东西！那些破旧的用黑色墨水书写在布浆纸上的东西，从日常的报纸到神圣的希伯来图书，他们还有什么没完成，他们还有什么不能从事？"

康奈尔大学的校长舒尔曼骄傲地指着康奈尔大学图书馆里面的书籍，他说这些书籍是当他还是一个穷孩子的时候通过节省每日的饭食费而购买得来的。

德国著名的教授奥坎并不以宴请阿加西教授与他共进土豆蘸盐为耻，因为他可以省下钱来购买图书。

乔治三世君王过去常说法学家并不比从事其他职业的人们了解更多的法律知识，而是他们更加清楚地知道从哪里可以发现那些法律知识。

如何根据任何一点所给出的提示寻找到蕴藏在书籍中的财富这门实用而有效的学问，即使是从经济学角度上来说也是价值不菲。根据这门学问，每个人都是首先认识书籍，而后才是与之交朋友。

詹姆斯·弗里曼·克拉克说："每当我想到书籍曾经为这个世界做出了怎样的贡献，以及正在做出怎样的贡献，书籍如何维持我们的希望，唤醒新的勇气和信仰，抚平伤痛，给予那些家境贫寒的人以生活的希望，联合起远古时期和异域大陆，创造充满魅力的新世界，将真理从天堂带到人间之时，我就会为书籍赋予我们的这些厚礼致以无限的赞许。"

哈佛大学校长艾略特为图书馆选择了一些书籍，这些书籍现在可能摆放在五脚书架上，艾略特校长选择这些书籍时坚信"翔实并且细心慎重地阅读这些图书将会给任何一个人带来心智教育，即使人们每天只能专心阅读十五分钟"。截至目前所选择的书籍是：

《本杰明·富兰克林自传》

《乔治·沃尔曼日记》

《孤独的果实（痛思录）》　　　　威廉·佩恩

《柏拉图对话录》（本杰明·乔依特译）——柏拉图

《爱比克泰德金言录》（H. 克劳斯利译）

《马库思·奥勒留沉思录》（J. S. 朗译）

弗朗西斯·培根论说文集

《新亚特兰蒂斯》　　　　　　弗朗西斯·培根

《论出版自由》　　　　　　　约翰·弥尔顿

《论教育》　　　　　　　　　约翰·弥尔顿

《虔诚的医生》　　　　　　　托马斯·布朗

约翰·弥尔顿英文诗全集

《爱默生文集》　　　　　　拉尔夫·瓦尔多·爱默生

《伯恩斯诗歌集》

圣奥古斯丁的《忏悔录》

《效法基督》　　　　　　　托马斯·厄·肯培

《希腊戏剧》　　　　　　　埃斯库罗斯、索福克勒斯、

　　　　　　　　　　　　　尤里皮德斯、阿里斯托芬著

《西塞罗书信集》

《西塞罗论友谊及论老年》

《小普林尼书信集》（F. C. T. Bosanquet 修订）

《国富论》（哈佛大学 J. C. 布洛克教授编辑）亚当·史密

《物种起源》　　　　　　　　查尔斯·达尔文

《希腊罗马名人传》（根据德赖登翻译版本，阿瑟·休·克拉夫
修订）　　　　　　　　　　普鲁塔克

《伊尼亚德》（约翰·德赖登译）弗吉尔

《堂吉诃德》（托马斯·谢尔顿译）塞万提斯

《天路历程》　　　　　　　　班扬

《多恩和赫伯特生平》　　　　艾萨克·沃尔顿

《天方夜谭》　　　　　　　　斯坦利·莱恩·普尔译

民间故事和寓言：

《伊索寓言》，82篇

《格林童话》，41篇

《安徒生童话》，20篇

现代英国戏剧：

《一切为了爱情》　　　　　　约翰·德莱顿

《造谣学校》　　　　　　　　谢立丹

《委曲求全》　　　　　　　　奥利弗·戈德史密斯

《钦契》　　　　　　　　　　珀西·比希·雪莱

《标牌上的污点》　　　　　　罗伯特·布朗宁

《曼弗雷德》　　　　　　　　拜伦侯爵

《浮士德》（安娜·斯旺尼克译）歌德

《赫曼和多罗西亚（埃伦·弗罗辛厄姆译）　歌德

《埃格蒙特（安娜·斯旺尼克译）　　　　歌德

《浮士德医生》　　　　　　　　　克里斯托弗·马洛

《神曲》（加里译）　　　　　　　但丁

《约婚夫妇》　　　　　　　　　　亚历山大·罗曼佐尼

《荷马史诗》　　　　　　　　　　（布彻和朗　译）

《两年水手生涯》　　　　　　　　理查德·亨利·达纳

《关于兴趣爱好的探究》　　　　　埃德蒙·伯克

《论崇高与美丽概念起源的哲学探究》　埃德蒙·伯克

《对法国大革命的反思》　　　　　埃德蒙·伯克

《写给高尚的君主的一封信》　　　埃德蒙·伯克

《自由论》　　　　　　　　　　　约翰·斯图尔特·密尔

《约翰·密尔自传》　　　　　　　约翰·斯图尔特·密尔

《爱丁堡大学荣誉校长就职演说》　托马斯·卡莱尔

《司各特散文》　　　　　　　　　托马斯·卡莱尔

《特征》　　　　　　　　　　　　托马斯·卡莱尔

欧洲大陆戏剧：

卡尔德隆　　　　　　　　　　　　莱辛

拉辛

高乃依　　　　　　　　　　　　　莫里哀

英国名家随笔：

亚伯拉罕·考利	理查德·斯蒂尔
约翰·洛克	丹尼尔·笛福
乔纳森·斯威夫特	威廉·哈兹利特
塞缪尔·乔纳森	柯勒·律治
悉尼·史密斯	李希·亨特
查尔斯·拉姆	大卫·休谟
托马斯·德昆西	珀西·比希·雪莱
约瑟夫·爱迪生	托马斯·巴宾顿·麦考利

英美散文随笔作家：

卡迪纳尔·纽曼	狄恩·斯威夫特
约翰·鲁斯金	马修·阿诺德
詹姆斯·安东尼·弗劳德	沃尔特·白芝皓
爱德华·奥古斯都·弗里曼	托马斯·亨利·赫胥黎
埃德加·爱伦·坡	罗伯特·路易斯·斯蒂文森
詹姆斯·拉塞尔·洛威尔	亨利·戴维·梭罗
威廉·梅克皮斯·萨克雷	查尔斯·达尔文

《科学论文集》（化学、物理学、天文学）

法拉第	赫姆霍尔兹
洛德·开尔文	纽科姆

文学和哲学名家随笔：法国、德国、意大利卷

蒙田	马志尼
勒南	圣佩甫
席勒	拉辛
格林	歌德
康德	

古代和伊丽莎白时期著名航海与旅行记：

希罗多德	汉弗雷希尔·吉尔伯特爵士
弗朗西斯·德雷克爵士	科罗纳多
沃尔特·雷利爵士	约翰·史密斯上校
笛卡尔	伏尔泰，等等

科学论文集：

生物学、医学等。包括约翰·李斯特爵士、安布鲁瓦兹·巴雷爵士的文章。

著名之前言与序言：

卡克斯顿	斯宾塞
莱利	开尔文
约翰·诺克斯	培根
赫明和康德尔	费尔丁
席勒	魏特曼

伯纳斯	牛顿
德赖登	约翰逊
泰恩	沃兹沃斯

美国历史文件：

《卡博特游记》	《哥伦布的书信》
《弗吉尼亚特许状》	《五月花公约》
《康沃利斯投降书》	《华盛顿首次就任演讲稿》
《林肯首次就职演讲稿》	《门罗主义》
《林肯第二任期就职演讲稿》	《历代志》
《国家史诗》	马基雅弗利、摩尔，以及其他人物的著作
《比较宗教和赞美诗》	伊丽莎白时期戏剧

美国前总统西奥多·罗斯福为他自己著名的非洲之行选择了下列书籍：

《圣经》	新约外传
《莎士比亚》	
《仙后》	斯宾塞
《马洛》	
《海军强国》	马汉
历史、散文、诗歌	麦考利
《伊利亚特》、《奥德赛》	荷马

《罗兰之歌》

《尼伯龙根之歌》

《腓特烈大帝》　　　　　　　　卡莱尔

《诗歌》　　　　　　　　　　　　雪莱

《散文》　　　　　　　　　　　　培根

《文学散文》、《比格罗诗稿》　　洛维

《诗歌》　　　　　　　　　　　　爱默生

《朗费罗》

《丁尼生》

《爱伦·坡故事及诗选》

《济慈》

《失乐园》（上、下册）　　　　　弥尔顿

《神曲》（加里译）　　　　　　　但丁

《早餐桌上的独裁者》、《杯桌之上》　霍姆斯

《诗歌》、《阿尔戈英雄传》　　　布莱特·哈特

《咆哮营的幸运儿》

《布朗宁精选集》

《绅士阅读者》　　　　　　　　　塞缪尔·麦克乔德·
　　　　　　　　　　　　　　　　克罗色尔斯

《哈克贝利·费恩历险记》　　　　马克·吐温

《天路历程》　　　　　　　　　　班扬

《希波吕托斯》、《醉酒的女人》（默里译）欧里庇得斯

《蒙特罗斯的传说》　　　　　　　司各特

《威佛利》	司各特
《古董家》	司各特
《舵手》	库柏
《两位海军上将傅华萨》	库柏
《珀西的遗物》	库柏
《名利场》、《彭登尼斯》	萨克雷
《我们共同的朋友》、《匹克威克外传》	狄更斯

　　罗斯福上校说过："这张清单一部分代表了克米特的兴趣，一部分代表了我的爱好；而且，我几乎都不用说明，这张清单绝对不能代表我们喜欢的全部书籍，而仅仅是那些，不管出于什么原因，我们认为自己应该喜欢在这种奇特的旅程中携带的。"

　　本书作者期望，上面所列书单尽管有限，但是对于那些探索自我教育的人可能会有些价值，期望这些书籍可以鼓励那些心灰意冷的人们，重新激起他们的雄心壮志，成为他们人生中通往更崇高理想和目标的阶梯。

第十二章

自我提升的习惯，一笔重要的财富

正确地将空闲时间用在阅读和学习上是一种优秀品质的象征。自我提高必须包含一种基本的想法：对于改善充满了渴望。一个人拥有了进行自我完善和进步的安排部署，那么他就会寻找到发迹上进的机遇。

生而不教莫不如不生。

——加斯科因①

无知是浪费，求知方有所得；没有得到教导的天赋终将会被遏制，直至死亡。

——N. D. 希利斯②

一旦我们渴望接受文明，甚至开始仔细地研究自己当下对于时间的使用情况，我们为没有时间接受修养教化所找的借口终将会化为乌有。

——马修·阿诺德③

教育，就像通常人们理解的那样，是借助于书籍和老师这两条途

① 加斯科因（George Gascoigne，1535—1577），英国诗人、战士。擅长多种文体的写作，同时还创作剧本和小说。

② N.D.希利斯（Newell Dwight Hillis，1858—1929），美国哲学家、作家、公理会牧师。著述颇丰，代表作：《健康生活的艺术》《伟大作品宛如生活的导师》《品格的影响力》《追寻快乐》《约翰·弥尔顿——政界中的学者》等。

③ 马修·阿诺德（Matthew Arnold，1822—1888），英国诗人、文化批评家、教育家、作家。

径提高自己思想的过程。当教育被忽视了的时候，要么是由于缺少接受教育的机会，要么是因为没能有效利用所提供的那些机会，因此仅存的希望就是自我提高。供自我提高的机遇萦绕在我们周围，对于自我改善能起到帮助作用的事物也非常地多，而且在当今这种有着廉价的图书、免费的图书馆，以及夜校的时代，对于忽视了使用这些有助于智力成长和发展的设施没有任何合理的借口。

当我们看着在五十至一百年前阻碍我们获取知识的困难的时候，书籍的严重匮乏和价格的高昂，只能利用模糊昏暗的烛光读书，没有间断地辛勤工作几乎没能为学习留下一丁点儿时间，必须战胜身体疲倦才能投入精力去学习，我们会对在艰苦岁月里成长起来的学术巨匠由衷地感叹。当我们再看看当时教育的缺乏、学者们身体虚弱、失明、残疾、饥饿并清苦，回头反思一下现在提供给我们的丰富机会和自我提高的条件，然而对于这些东西我们未能加以利用，着实会让我们感到羞耻万分。

自我提高必须包含一种基本的想法：对于改善充满了渴望。如果这种渴望存在，那么提高往往只会通过战胜自我来实现，战胜自己寻求娱乐消遣的欲望。小说、扑克游戏、台球、无所事事或与人闲谈，所有的这些都必须戒掉，而且每一段空闲的时间都应该得到有效的利用。所有试图进行自我提高的人都会碰见 "拦路虎"，自我放纵之虎，只有征服了敌人，自我提高的过程才能得以保证。

让我看看年轻人是如何度过夜晚、如何打发自己零碎时间的，然后我就能预测他的未来了。他会认为自己的那些娱乐消遣是非常珍贵、充满希望，就好像是自己的未来蓝图中充满的宝贵财富一样吗？

或者说他会认为那是一次自我放纵、一次轻率的体验"美好时光"的机会吗？

一个人打发闲暇时间的方式将会决定着他的生活基调，将会证明他是非常真诚地看待生活，还是只把生活当成儿戏。虽然他可能还没有意识到这种可怕的影响、这种由于随意消磨夜晚和假日时间而使自己变得颓废、堕落的影响，但是他还是在走向堕落。

有些年轻人经常会很惊讶地发现自己远远落后于其竞争者，但是如果他们仔细地审视一下自己，他们就会发现自己已经停止了成长，因为他们已经停止了为保持自己跟得上时代的步伐、为广泛地阅读、为了用自我修养来丰富自己的人生而做出任何的努力。

正确地将空闲时间用在阅读和学习上是一种优秀品质的象征。在许多历史上很著名的事例中用在学习上的"闲暇"时间其实并不是从空闲安逸的时间中节省出来的闲暇。他们更像是从睡眠中、一日三餐中、娱乐消遣中节省出来的片刻时间。

伊莱休·伯里特[①]从十六岁开始，就跟着一位铁匠当学徒，在铁匠铺里他白天整天地工作在炼炉前，而且有时晚上也要顶着烛光干活，在当今时代，还有哪个男孩能够比他更加缺少提高上进的机会？然而他成功了，他在吃饭的时候将书籍摆放在自己的面前用来学习，并且将书籍放在口袋中，那样他就可以利用每一个闲暇的时间来学习，而且他的每一个夜晚和假日都用在了学习上，在那些大多数男孩都会浪费掉的零碎的时间里他接受到了优良的教育。当富裕家庭的孩

---

① 伊莱休·伯里特（Elihu Burritt，1810—1879），美国外交家、慈善家和社会活动家。

子和那些懒惰的孩子还在打哈欠、伸懒腰、揉眼睛的时候，年轻的伯里特却在抓住机遇进行自我提高。

他对知识充满了渴望，渴望进行自我改善，这种渴望帮助他克服了人生路途中的每一个障碍。一位富有的绅士愿意支付他去哈佛大学的所有开销，但是伊莱休说他可以独立完成教育，尽管他每天不得不在炼炉前工作十二到十四个小时。这是一个性格果断的男孩。他抓住了在铁砧和炼炉前的每一个机会，将其视作是一笔宝贵的财富。他和格拉斯通都深信，节省出来的时间会在数年之后连本带利地还给他，而浪费时间将会使他堕落、颓废。想想一个孩子整天在铁匠铺里，还能找到时间在一年之内学会七门语言，这是多么不可思议啊！

将一个人拖垮的并不是缺乏能力，而是缺少勤奋。在许多例子中，雇员比雇主有着更加优秀的头脑、更加优秀的智力才能，却没能改善自己的能力。通过各种不良嗜好将自己的思想变得越来越空虚。将时间和金钱浪费在台球桌前，浪费在沙龙酒吧里，随着逐渐老去，无休止的工作会将他激怒，他会抱怨说自己缺少运气或者抱怨自己怀才不遇。

有很多终身雇员正被这样一些人源源不断地招募进来，他们认为就算是男孩们习得一手好字或者掌握了一些商业贸易工作中必需的一些基本知识，也是毫无价值。对于那些在工厂、商店以及办公室工作的年轻人来说，愚昧无知是普遍存在的，事实上，在这片年轻人应该接受良好教育的充满机遇的土地上，这种愚昧无知是非常可怜而又可笑的。在各行各业里，我们都会看到一些天赋异禀的人们担任着一些低下的职位，因为他们在年轻的时候，对于要将自己关注的焦点集中到那些能使他们成为出色之人的知识获取上并没有引起足够的重视。

数以千计的男女发现自己之所以受到了抑制，为生活所累，是因为他们忽视了那些在年轻的时候认为不值得去关注的、表面上微不足道的小事。

许多天生丽质的女孩将她们最为丰富多彩的岁月浪费在了做一名廉价的秘书或者一个平平庸庸的职位上，因为她们从来没有想过开发自己的脑力、才能或者利用那些触手可及的机会让自己去胜任更高等级的职位是件多么有意义的事情。很多女孩会出人意料地拾起自己的智谋才略，由于在年轻时所忽略的那些苦差事她们一生备受压制，这种艰苦的工作曾几何时由于一句无心的"我认为它没什么价值"而惨遭抛弃。她们并不认为，求学时刨根问底、学会如何精确地管理账目，或者学会为了生存而委曲求全，这些对自己会有什么帮助。她们渴望结婚，但却从未准备过要依靠自己，多数情况下，这种婚姻没有保障。

多数年轻人的问题是他们不愿意将自身的全部砝码都投入到职业中。他们想要的是时间短、任务少的工作，还要有很多的娱乐消遣。与他们自己重要的人生专长方面的修养和训练相比他们思考的更多的是安逸和享乐。

许多小职员会羡慕他们的老板并且希望自己也能进入商业界做生意，也成为老板，但是他们认为这里有太多的工作需要努力奋斗，因而终将不能超过职员这个职位。他们喜欢过着轻松的生活，然而他们竟懒惰地想要知道为了职位得到一点点的提高、赚更多一点点的金钱就去努力奋斗并且试着让自己去为这些目标而准备是否有价值。

困扰许多人的问题是他们不愿意为了将来的收益而做出眼前的牺牲。他们宁愿像现在这样的继续开心下去，也不愿花费一丁点儿时间去进行自我改善。他们大体上都有着成就一番伟业的希望，但是很少有人有着那种强迫自己为了未来现在做出牺牲的强烈渴望。很少有人愿意为自己未来蓝图的奠基秘密地工作多年。他们渴望着伟大，但是他们所憧憬的并不是愿意为实现这个目标去付出任何代价或者做出任何牺牲。

所以大多数人在自己的一生中就沿着平凡人的轨迹一直滑落下去。他们有着成就更高伟业的能力，却没有为了它而去奋斗的精力和决心。他们不喜欢去做那些必要的努力。他们宁愿让生活轻松点，水平降低点，也不愿去为了一些更高尚的事业去奋斗。他们不会因为某件事值得一试就放手去做。

某个人只要拥有了进行自我改善和进步的安排部署，那么他就会寻找到发迹上进的机遇，或"他们所不能发现、创造的"。下面这个例子来源于我们日常生活中感同身受的故事。

有一个年轻的爱尔兰人，在他二十岁左右的时候，还没有学习阅读和书写，并且由于当地十分盛行的过度饮酒而离家出走，他通过学习公告牌进而能够阅读一些东西，最后在军舰上获得了一份舰员的工作。他选择那份职业，而后由于强烈地渴望学习就开始辅佐船长。他将一个小信笺簿放在自己外套的口袋中，无论什么时候只要他听到了一些新鲜的词汇就会将其记录下来。有一天，一个高级船员看见他在写东西，就马上怀疑他是一个间谍。当他和其他的高级船员知道了信笺簿是做何用途的时候，这个年轻人就有了更多的学习机会，并且也如期地得到了提升，最后，他在海军部队里获得了一个显赫的职位。一个海军军官另辟蹊径地走上了成功之路。

自立成就了世界上所有的伟业。有很多年轻人踌躇犹豫、无精打采、拖延自己的决心，因为他们没有用以起步的资本，然后就等啊等，希望好运气能给他们带来提升！但是成功是刻苦工作和坚韧不屈的毅力相结合的产物。它是不可能被诱骗或者被行贿的，付出相应的代价之后，成功就是你的了。

忽视自我提升的机会，其悲哀之一就是一些天赋异禀的人被置于那些比他们心智低下的人之中，这对成长是极其不利的。

我认识一位我们州的立法委员，一个杰出的小伙子，非常受欢迎，他心胸宽广、富有同情心，但是他一张嘴说话就是那样邋遢的英语，听他说话真是非常痛苦。

在华盛顿还有很多非常相似的例子，某些因自身出色的天赋和性格被推选到重要职位的人，却一直由于忽视并且缺少了早期的锻炼而经常蒙受羞辱、处境窘迫。

最让人们感到羞耻的一种经历就是，知道自己拥有非凡的能力，却由于缺乏早期与自己能力相当的智力锻炼而被局限在较低的职位上。众所周知，一个人拥有了认识自己百分之八九十潜能的能力，但是由于缺少适当的教育和训练，却没能向外提供超过百分之二十五，这是件多么让人感到羞辱的事情啊。

换句话说，经过生活的洗礼，你已经意识到了自己笨手笨脚地把自己的才能本领破坏掉，完全是因为缺少培养锻炼，这是最令人沮丧、最令人痛心的事情了。

与因为没有为将从事人生中最高尚的职业的希望变成现实而去做准备所带来的遗憾相比，没有什么其他罪恶之外的东西能够引起更多的哀伤惋惜。与那些由于不得不放弃机遇所产生的结果相比不会再有什么更加痛苦的遗憾了，而从来也不会有人为这样的机会而去做准备。

我听说了一个可怜而又可笑的例子，有一位天生的博物学家，小的时候他的远大志向受到极度的压抑，他的教育被严重忽视，以至于后来当他了解到自己的博物学知识以及自然历史知识几乎比其同时代任何一个人都多的时候，他却不能用合乎语法规则的句子将其书写出来，也从来不能通过文字赋予自己的思想以生命，不能使其永存于书本之中，这完全是由于对教育的基础知识的忽视所造成的。他早年的词汇量极其匮乏，而且他的语言知识也十分有限，因而他总是十分痛苦地为那些能够表达自己思想的词语而挣扎着。

想一想这个优秀杰出的男人的痛苦遭遇吧，虽然他已经意识到了掌握渊博的科学知识的重要性，但是却完全不能合乎语法规律地表达出自己的想法！

速记员时不时地就会因为使用一些不熟悉的单词、术语或引语而蒙受屈辱，因为他们的准备工作做得那么浅薄！当收到普通信件的时候，仅仅能够记录别人的口述内容是远远不够的，做些常规的办公室工作是远远不够的。有远大抱负的速记员一定会对那些不常见的单词和表达方式有所准备，一定会有良好的知识储备用来在紧急情况下脱身。如果他经常在语法上面犯错误，或者当超出了自己日常工作范围的时候就一脸茫然，他的老板就会知道他的准备工作做得并不到位，并且他的水平有限，因而他的前途也是有限制的。

一位年轻的女士给我写了一封信，说她由于缺少了早期的教育遇到了很多障碍，因而她相当害怕给任何受过教育或文化培养的人写信，她害怕在语法和拼写上犯幼稚的错误。她的信件表明她有着不可忽视的天赋，然而因为缺少早期教育总是处于不利地位。与因为忽视了早期教育而使自己总是感到窘迫和吃亏相比，想不出有什么更大的灾难了。

我经常会因为一些来信而感到痛心，尤其是那些年轻人的信，那些信件表明写信人都非常有天赋，他们都有着非常杰出优秀的思想，但是他们的能力大部分都被掩盖了起来，经常由于缺少教育而导致那些能力毫无效力。

许多信件都说明了写信人就像是未经雕琢过的钻石，只要随处打磨几下，让光线进入其中，那么便可以展现出其中蕴藏的巨大财富。

我总是为这样一些人感到惋惜，他们已经度过了自己的校园时光而且很有可能在他们生活的经历之中，他们杰出优秀的思想会由于愚昧无知而遭遇挫折，这种愚昧即使在晚年生活中，也是可以克服掉大部分甚至是完全克服。

举个例子，有一个年轻人，他有着能使自己成为人中领袖的天赋，但是由于缺乏培养锻炼和准备，他就一定会去为其他人工作，也许他一半的天赋得不到使用，他所需要的是更充分的准备和更多的教育机会，这是让人感到多么惋惜的事情啊。

无论我们在哪里看到职员、机械工人、老板、各行各业的人，他们都不能爬升到与自己的天赋相一致的职位上。因为他们还没有接受教育，他们很愚昧，他们甚至不能写出有才华的书信，他们糟蹋了英语，因此自身极其优秀的能力不能得到展示，他们仍然是平庸之辈。

按才受任的比喻说明并且强调了一条最严格的自然法则："凡有的，还要加给他，叫他有余；没有的，连他所有的也要夺过来。（出自《圣经》）"科学家将这条法则称为适者生存。适者就是指那些利用所拥有的东西通过努力奋斗增强自身力量，通过对周围有害的或者有帮助的环境的控制，依靠自我发展生存下来的人。

土壤、阳光、空气为庄稼和树木的成长提供了大量的必要养分，但是植物一定要用尽它所获取的所有养分，一定要转化进花朵、果实、叶子或者纤维之中，否则这种供给就会停止。换句话说，只有用于植物的成长，土地才会提供营养物质。养分用得越快，成长也就越快，进而更多的养分就会随之而来。

相同的法则在任何地方都适用。如果我们利用了大自然所赐予我们的，它对我们就会非常慷慨大方，但是如果我们停止使用它所赐予的，如果我们没在某个地方利用它建造些什么，如果我们没有将大自然赋予的物质转化成力量以及运用这种力量，我们不但会发现这种供给会被切断，而且我们会变得更加脆弱、效率低下。

自然界的万物都是运动的，无论是朝什么方向。要么上涨要么下降，要么前进要么后退，我们不可能在不使用的情况下还将其牢牢抓住。

如果我们不使用肌肉或者头脑，大自然就会将其收回。从我们停止了有效地使用它的那一刻，大自然就会收回那些本领。在我们停止了锻炼的时候，力量就会被收回。

大学毕业生经常会在毕业多年之后惊奇地发现，所有能证明自己受过的教育的东西仅仅是学位证书。

　　人们在大学里获得的本领和能力已经消失殆尽，因为人们一直没有使用。在考试结束之后，当每一件事在头脑中印象依然清晰的时候，有人就会这样想，这些知识仍然属于他们，但是自从停止使用这些知识的时候起，它们就逐渐地从人们的身上一点点流失了，而且只有那些一直使用的东西得以保留下来并且得到增加，其余的全都蒸发消亡掉了。

　　因为没有使用那些知识，有很多大学生在毕业十年之后会发现，他们几乎没有什么能够表明他们在大学接受过四年教育的东西。他们已经在毫不知情的情况下成为了软弱之人。他们不停地对自己说："我接受过大学教育，我一定有着某些能力，我一定要在这世界上成就一番事业。"但是大学文凭并没有保持从大学里获得的知识的能力，它不过如同是盖在气体喷嘴上能够控制住管内气体的包装纸一样。

　　每一样你不使用的东西都会不断地从你身边溜走。使用它或者丢弃它。能力的奥妙就在于使用。能力不会一直停留在我们身边，力量会在我们停止用它来做些什么事情的时候逐渐消失。自我改善的工具就在你的手中，使用它们吧。如果斧子钝化了，那我们就需要使出更大的力气。如果你的机会受到了限制，那么你就一定要使用更多的力量，做出更多的努力。起初进度可能看起来会比较慢，但是坚持不懈就一定会取得成功。

　　"令上加令，律上加律。"是智力构建的基本准则，而且"如果汝等不放弃，在适当的时候汝等终将会收获果实。"

第十三章

价值的提升

　　能够将自己的"生命之棍"提升到怎样的高度完全依赖于自己。能否青云直上在很大程度上取决于自己的理想，取决于成就一番事业的决心，取决于你对于即将遭受打击以及为了获得适宜的韧度而从烈火中投入冰冷刺骨的凉水中的忍耐。

命运并不是存在于你的周围，而是存在于你的自身，你一定要成就自己。

爱默生说："现在这个世界，工人们手中拿的不再是泥土而是钢铁，并且人们已经通过坚固稳定的锤打为自己找到了安身之所。"

"充分利用你的'原料'使其成为布料、钢铁或者个性——这就是成功。将一些普通原料提升为无价之宝，这就是巨大的成功。"

第一位将可锻造的铸铁制成坯钢筋的可能是位铁匠，铁匠只是在一定程度上学习了如何经营自己的生意，并且他们没有从事更加高尚的职业的志向。他们认为自己拿着铁棍最可能做的事情就是将其钉入马掌，然后恭喜自己所获得的成功。他们自己得出这样的结论：铁渣一磅只值两到三便士，并且不值得花费太多时间或者太多的体力在那上面。铁匠强大的肌肉力量以及些许的技巧或许已经将钢铁的价值从一美元提升到了十美元。

接着是一位磨刀匠，受过一点点优秀的教育，稍微远大一点的抱负，更加优秀的理解能力，他对铁匠说："这就是你从铸铁中看到的全部吗？给我一根钢条，然后我让你看看头脑和技巧再加上努力的工作能将它变成什么。"他从粗坯钢条中看到了更深远的东西。他学习过淬火和回火的技艺，他使用工具，给轮盘磨削上光，还有将熔炉退火。铸铁在经过熔化、碳化后变成了钢材，拉伸、锻造、回火、熔炼成白热状态，投入冷水或者冷油之中以提高其硬度，接着十分耐心而又小心地磨削上光。当这项工作完成时，他展示给惊讶的铁匠的是价值两千美元的刀刃，这就是在铁匠的眼中只值十美元的粗糙的马掌。由于这个精炼的过程其价值已经被极大地提升了。

另一位工匠说道："如果你不能制造出更优秀的东西，那么总的来说，锋利的刀刃还是很不错的"，磨刀匠向他展示了自己技艺的杰作，"但是你连蕴含在铁棍之中的东西的一半都没展现出来，我有一个更为高明、更加合适的用途。我仔细地研究过钢铁，并且知道在其中有些什么，也知道能用它来做些什么。"

这位工匠有着更加敏感的触觉、更加优秀的理解能力，受过更加优良的训练，有着更加崇高的理想，以及高人一等的决心，所有的这些使他能够看得更加深远，甚至能看见粗坯钢条里面的分子颗粒，超过了马掌，超过了锋利的刀刃，之后便将粗钢制成了细如亚麻一般的钢针，靠自己的双眼以极其细微的精度切割出来。这些几乎看不见的尖端杰作需要更加精密的过程，技艺等级也要高于磨刀的过程。

最后一位工匠将这种技艺视为奇迹。他将磨刀匠制成的产品的价值增加了数倍，而且他认为自己已经极尽了铸铁的所有潜能。

但是，有计划的头脑、更加敏感的触觉、更加耐心、更加勤劳、更高的技艺等级、还有更加优秀的训练，很容易地就会忽略掉马掌，锋利的刀刃，以及钢针，他用钢条呈现出的作品是供手表使用的发条。当其他人只能发现马掌、利刃或者钢针这些价值几千美元的东西的时候，他那敏锐的双眼关注的则是价值几十万美元的东西。

然而一位技艺更加高超的艺术工匠出现了，他告诉我们粗坯钢条还没有被发掘到它最高等级的表现形式，他拥有着能在铁器上表演出更加高明的奇迹的魔力。对他来说即使是发条看起来都十分粗糙简陋。他知道未经过加工的钢材经过一系列的操作和耐心的处理可以制成弹簧，这对于一个没有接受过冶金学训练教育的人来说甚至是无法想象的。他知道，如果在将钢铁进行回火的时候加倍小心的话，它就不会变硬，变得锐利，而且并不仅仅是一块钝态的金属，而是充满了新的性质，似乎出现在我们生活的各个角落。

带着敏锐、几乎是明察秋毫的洞察力，这位艺术工匠深知如何能将制造发条的每一个步骤带到更远，并且知道在加工制造的每一个阶段如何能够达到更加完美的地步，知道如何能使金属的纹理精炼到如此程度，即使是它的一根微丝、一条细纹都堪称是精妙绝伦的佳品。他将一根铁棍经过多个精炼步骤以及上乘的退火工艺处理，然后扬扬得意地将自己的作品变成了几乎看不见的细微的灯丝线圈。经过了极端的辛苦与折磨之后，他终将自己的梦想变成了现实，他给那些一文不值的破铜烂铁赋予了近百万美元的价值，也许是相同重量的黄金的价值的四十倍。可是还有另外一位工人，他的处理过程几乎是同样的精巧细微，但他制作出来的产品即使是那些接受过普通教育的人也很少有人知晓，因此他们的手工艺也很少会被字典和百科全书的编撰者提及，他拿起铁棍的碎片，然后用如此令人感到惊讶的精细程度、如此微妙灵敏的触感去挖掘它更大的潜力，以至于发条和灯丝看起来都是那样地粗糙简陋，而且一文不值。当他的作品完成时，他向你展示的是一些有着细微的倒刺的工具，牙科医生经常使用这样的工具来拉出患者牙周神经那些极其细微的分支。大体上来说，一磅黄金大约值两百五十美元，然而一磅这样纤细的带有倒钩的铁丝，当然如果能收集到那么多的话，其价值可能会是前者的数百倍。

其他一些业内人士可能会使产品更加精致，那些金属可能会被再细分直至它的分子可以飘浮在空气中，但是那些最优秀的老手彻底研究出这种金属潜能之前尚需时日。

这听起来非常神奇，但是这种魔力是通过锻造而形成的，它由最为家常的美德的应用产生，它通过对眼睛、双手、理解力的培养产生；它通过费尽心思的关心照顾、刻苦的工作以及决心和勇气产生。

如果一种仅仅拥有一些粗糙的物质特性的金属，通过将智慧融入其分子中便可形成价值上这样惊人的提升，谁还会为人类这样一种由物理、心理、道德以及精神的力量融合在一起而组成的令人惊奇的复合物发展潜能？既然在铁器的形成过程中，可能有将近十二种处理过程，那么近千种影响可能会对思想和性格产生作用。如果说铁器是一团毫无生命只能由额外的影响力对其自身起作用的物体的话，那么人类就是一团由驱动力和抵制力组成的力量集合，通过更加高尚的自我，真实、占支配地位的个性有能力进行控制和指挥。

人类成就的差异仅仅很少一部分是由于原始的物质所造成的。正是人们追寻和展现出来的理想，正是人们所做出的努力，正是人们正在经历的教育和体验的过程，熔化，锤击敲打，最后将生命之杆塑造成它最终光彩夺目的研制成果。

日常生活已经遭遇到了钢铁所经历的那些折磨，而且通过层层考验，生活终将展现出至高无上的表现形式。对于反抗而遭受的打击、在希望与苦恼之间的努力挣扎、在经历了灾难和丧失留下的炽热的痕迹、残酷的环境的碾压粉碎、烦恼和焦虑的磋磨，不断出现的苦难的打磨、能使热情战栗发抖的驳斥拒绝、对教育和训练中长年累月的枯燥乏味工作的厌倦，所有的这些对于想要取得丰功伟业的人来说是必不可少的。

铸铁，经过一系列的操作，得以加固、精炼、变得更有弹性或者更加稳定，而且更易于使用，这是任何一位工匠所梦想的。如果每一次的打击都会使它断裂，如果每一次在炉中的煅烧都会将它烧得精光，如果每一次的滚压都会将其粉碎，那么它还会有什么用途呢？它拥有那种经得起各种敲击，从每一次的考验中获益的特性，并且终将取得胜利。铸铁的这些特性基本上都是与生俱来的，但是在我们自己身上，它们很大程度上关系到成长、教育和发展，而所有的这些都受到占统治地位的个人愿望的控制。

就像每一位工匠都能从生铁之中看出一些成型的、精密的产品一样，我们也一定能从自己的生活之中看见一些辉煌未来的端倪，前提是我们能够认得出来。如果我们只能看见马掌或者锋利的刀刃，那么我们所有的努力和奋斗永远都不会制造出发条。我们必须认清自己对于这种伟大目标的适应性；我们必须要想方设法地去努力奋斗，经受住苦难的折磨和考验，付出必要的代价，坚信最后的成果必定补偿我们所遭受的苦难、折磨以及我们付出的努力。

那些回避锻造、滚压、拉伸的人就是那些失败之人，"无名小卒"，性格上有缺陷的，犯罪者。就像一根铁棍一样，如果暴露在某些元素之中时，就遭到氧化锈蚀，然后变得毫无价值，如果没有用持续不断的努力来改进性格的形式，增强性格的延展性，使其具有韧性或者没有从某些方面对其进行改善的话，性格同样也会堕落下去。

想要保持铁棍的本色很容易，或者说相对容易一些，仅仅需要将一根普普通通的铁棍加工成马掌就可以了，但是想要将你的生活产品提升到更高的价值水平上就很困难了。

我们许多人都认为，与其他人相比，自己与生俱来的天赋过于拙劣而且并不完全；但是，只要我们愿意，通过耐心、苦干、学习和奋斗、依靠不断锤打、拉伸、精炼、不停地工作，我们就能够将制作出的产品从粗陋的马掌变成精密的灯丝，通过非凡的耐心和毅力，我们就能够将那些原始物质的价值提升到难以置信的高度。哥伦布、一位织布工，富兰克林、技术熟练的印刷匠，伊索、奴隶，荷马、乞丐，德莫斯铁尼斯、磨刀匠的儿子，本·杰克逊、砌砖工人，塞万提斯、普通士兵，海登、贫穷的车轮制造工的儿子，上面提到的这些人都是这样，挖掘出了自身的能力，直至站在其他人的肩膀上。

有一百个孩子，起初赐予他们的一切几乎没有什么不同，其中一个孩子，他也没有比其他人更加优秀的改善措施，也许是用着极其微不足道的方式，将自己所拥有的全部价值提升了一百倍、五百倍甚至一千倍，其他九十九个孩子还在想为什么他们的一切还是那样的粗糙简陋，并且将自己的失败归因于运气不好。

当一个男孩抱怨自己缺乏机遇，缺乏走进大学接受大学教育的途径，并且仍处于愚昧无知状态的时候，另一个仅有着他一半机遇的孩子却利用其他孩子都浪费掉的琐碎时间接受了优秀的教育。用同样的材料，一个人可以建造出宫殿，而另一个人只能建造出小茅屋。用同样粗糙的大理石板，有的人可以制作出美丽的天使，她可以给每一个目睹她的人带来欢乐；而有的人则制作出丑恶的怪兽，让每一个见到它的人不知所措。

你能够将自己的"生活之棍"提升到怎样的高度完全取决于你自己。你是否能够青云直上直至发条或者灯丝的阶段在很大程度上取决于你的理想，取决于你成就一番事业的决心，取决于你对于即将遭受打击、拉伸，以及为了获得适宜的韧度而从烈火中投入冰冷刺骨的凉水中的忍耐。

当然，经历那种能够制造出精美绝伦的产品的过程需要非常大的毅力，这是非常艰苦的，而且是非常痛苦的，但是你愿意一生都一直做一根铁棍或一个"马掌式"的人物吗？

第十四章

通过公开讲演
进行自我提升

自我表达往往会召唤出人们内心中蕴藏的，比如足智多谋和丰富的创造力。没有其他任何一种自我表达的方式比在听众面前进行演讲时，更能够如此完整、如此有效地使人成长、如此迅速地释放出人们全部的力量。

　　一个人是否希望成为公共发言人并不重要，每个人都应该能够有这样全面的自我控制能力，都应该这样地独立和泰然自若，因而可以立于任何听众面前清晰明白地表达自己的思想，不管听众的队伍是多么地庞大或者多么地令人生畏。

　　自我表达在某种意义上是唯一一种能够增强精神力量的方式。它可能存在于音乐之中，可能存在于油画之中；它可能是通过演讲技巧得以体现，也可能是通过出售货物或者撰写书籍而得来；但是它一定来自于自我表达。

　　自我表达往往会以任何合法的形式召唤出人们内心中蕴藏的东西，它的智谋、它的创造力；但是没有其他任何一种自我表达的方式能够像在公众面前演讲那样如此完整、如此有效地使人成长，并且如此迅速地释放出人们全部的力量。

　　对任何一个人来说，在没有学习任何的表达技巧，尤其是公开的口头表达的情况下达到文化教养的最高标准是值得怀疑的。历朝历代演讲术就一直被人们看作是人类成就的最高表现。年轻人，不论他们将来打算从事什么职业，铁匠或农民、商人或医生，都应该使其成为努力钻研的对象。

没有什么任何其他的事物像不断致力于演讲一样，能够如此迅速、高效地召唤出人内在的能力。一个人肩负着在公众的面前独立地思考以及即兴演讲的重任时，整个人的能量和技巧都会被置于一场严峻的考验之中。

公开讲演的练习，即努力去以一种合理并且有说服力的方式去获取自身的全部影响力，努力使得人们所拥有的全部能力成为焦点，就是唤醒人们所有天赋的伟大力量。来自于控制其他人的注意力，激发他人的情绪，或者使听众信服的力量感能够给人以自信、信心和独立的精神，能够唤醒人的雄心壮志并且可能使人在各方面的效率得到提高。

一个人的判断力、教育经历、男子气概、性格、所有使他成为今日这个人的事物，都会在他努力去表达自己的时候像一幅全景图一样展开。每一种精神上的天赋都会得到复苏，每一份思想和表达的能力都会受到鼓动和鞭策。演讲者聚集了他所有的经验、知识、先天的或后天储备的才能，并且集中了在尽力表达自己的思想以及争取得到听众的赞许和掌声的时候的全部能力。

作家有着能够等待自己情绪的优势。他可以在自己想要写东西的时候进行写作，并且他知道如果写出来的东西不能令自己满意的话他可以一次又一次地把手稿烧掉。没有一千双眼睛盯着他看，也没有一位伟大的听众来评审他的每一个句子，衡量他的每一个想法。他不必为了得到评判而去迎合每位听者的判断标准，就像演讲者那样。只要他愿意的话，他可以无精打采地写下去，就像他所选择或者想要做的那样，大量地使用自己的头脑或者精力，抑或丝毫不用。没有人在注视他。他的傲慢和虚荣不会被触及，而且他写出来的东西可能永远不会被任何人看见。之后，还总会有一些修正校订的机会。

在音乐中，不论是声乐还是器乐，一个人所表达的东西只有一部分是属于这个人，其余的都属于作曲家。在交谈中，我们不会感觉到有那么多东西依赖于我们的辞藻，只有一些人听到了它们，也许没有哪个人会再次想起它们。但是一个人尝试着在听众的面前进行演讲的时候，所有的支撑都从他身上拿掉，他没有任何可以倚靠的东西，他可能得不到任何的帮助，也不会得到任何建议，他必须从自身找到全部对策，他绝对是孤家寡人。他可能身家数百万美元，拥有宽广的土地，而且可能居住在豪华的宫殿里，但是此刻所有的这些都不会对他有什么帮助。他的记忆、经验、所接受的教育、才能本领才是他所拥有的全部。他一定要经受住自己所说的，和在讲演中所呈现的东西的检验，在听众的评价之后他要么依旧屹立，要么轰然倒下。

任何一个渴望接受文明教化的人都应该训练自己去进行独立思考，这样他们就能立即得到提升并且可以睿智地表达自己的观点。餐后演讲的场合正在非常迅速地增加。有很多曾经在办公室中得以解决的问题现在都在餐桌前进行讨论并且得到有效处理。现在各种各样的商业贸易活动都是在餐桌上完成的。餐桌演讲的需求，在此之前从来没有像今时这样大。

我们都认识这样一些男男女女，他们依靠自身艰苦努力的工作以及百折不挠的勇气和决心晋升到显赫的职位上，然而他们却无法做到在公众场合，甚至在说几句话或发起动议时不会像杨树叶那样瑟瑟发抖。当他们在年轻的时候，求学的时候，在辩论俱乐部里的时候，他们有很多机会来摆脱自我意识，也有很多机会学到在公开演讲时怎样做到轻松和熟练，但是他们总是在一次次这样的机会面前退缩，因为他们很怯懦，或者认为某些其他人可以更好地处理这些讨论和问题。

现如今有很多这样的生意人，如果他们可以回到过去，利用那些曾经被他们舍弃的学习独立思考和演讲的机会，就算是散尽家财也在所不惜。现在他们拥有了大量的财富，拥有了大量财产，但是当他们被邀请来做公开演讲的时候他们仍然是无名之辈。他们所能做的仅仅是看起来十分地愚蠢、面红耳赤、结结巴巴地道歉，然后坐下来。

不久前，我参加了一次公开集会，其中一个人在社团中的地位非常高，他是自己所在领域的关键人物，他被邀请来发表一下他对正在讨论的事情的看法，他站了起来、瑟瑟发抖、不停地道歉，几乎无法表达自己的真实想法。他甚至都无法体贴地抛头露面。他能力非凡而且阅历深刻，但是他就在那里站立着，像孩子一样无助，而且他感到卑微、耻辱、局促不安。可能如果在生活的早期能够训练自己去做即兴演讲，他会奉献出一切，那样他就能进行独立的思考，并且有力而有效地说出自己所知道的事情。

这个受到每个与其相识的人的尊敬与信赖的坚强男人，在试图发表自己对于一些重要的并且曾经是非常熟知的公共事件的看法的时候犯下了这样令人伤心的错误，就是在这次集会上，一位来自同一座城市的头脑十分浅薄的商人，即使连另一位在处理事情的实际能力的百分之一都不及，他站起来并发表了一篇才华横溢的演讲，然而外行人毫无疑问会认为他是能力更强的人。他仅仅是培养了自己独立地去将最美好的事情说出来的本领，另一个人却没有。

纽约有一位才能卓越的年轻人，在很短的时间内攀登到了一个重要的职位上，他对我说他一直以来非常惊讶于那几次自己被邀请去在宴会或者其他一些公共集会上进行演讲的机会，惊讶于发现他了解自己，拥有了那些在以前从来没有梦想过自己能够拥有的能力，现在他最为后悔的就是在过去竟然让那么多能够充分调动自己的机会流失掉。

努力去以清晰易懂、明确简洁、生动有力的英语表达出自己的观点，往往会使这个人的日常用语变得更加经得起推敲并且更加直截了当，而且通常能够改善这个人的遣词造句。进行演讲能够全面地开发人的精神力量，增进人的性格。这便解释了当年轻人加入中小学或者大学里的公开辩论小组或者辩论社团的时候能够迅速地得到发展的原因。

切斯特菲尔德勋爵说，每个人都可以选择使用合适的词语，而不选择那些错误的，并且可以说出合适得体的话语，而不是说出不恰当的话语。一个人可以有着优雅的言谈举止，并且如果他能用心并且努力的话，他就能够成为一个和蔼可亲的而不是令人讨厌的演讲者。

这是一件需要费尽心思并且需要提前准备的事情。在学习你所希望了解的事情的过程中有一些至关重要的事情。你的语言修养、态度举止以及智力供应，都将成为思想训练的重要组成部分。

当在观众面前独立思考的时候，一个人必须要敏捷地、精力充沛地、有效地进行思考。与此同时他必须通过适当调整的嗓音，配合合适得体的面部表情和肢体语言来进行讲话。这需要在早期进行大量的训练。

没有什么比千篇一律、使用同样呆板的方式表达能够更加迅速地使听众感到厌倦的了。表达一定要有多样化，当不能提供那种变化多样的表达方式的时候，人的大脑就会非常迅速地感到厌倦。

这对于单调的声音来说尤其如此。能够使用甜美流畅、使耳朵愉悦的韵律来升高或者降低音调确实是一种非常重要的艺术。

格拉斯通说："百分之九十九的人永远都不会摆脱平庸，因为他们完全忽视掉了对于声音的训练，并且认为那是完全没有必要的。"

据说德文郡的某位勋爵是唯一一位在自己演讲的过程中打盹儿的英国政治家。他在进行枯燥、索然无味的演讲方面真是个天才，使用千篇一律低沉的声调将演讲继续下去，时不时地停下来好像打个盹儿能够使他恢复精神一样。

那些有志成为演讲家的人在年轻的时候一定要锻炼出强壮的身体，因为力量、热情、信念、意志力都极大地受到身体状况的影响；同时还要养成自己的肢体语言，并且养成自如使用的好习惯。如果韦伯斯特坐在参议院中并且将自己的双脚放在桌子上，那么韦伯斯特会对海恩①做出的回答，在这块大陆上曾经做出过的伟大演讲，会产生怎样的结果呢？想一想，像诺迪卡②这样伟大的歌唱家尚且要努力去使懒洋洋地躺在沙发上或者是无精打采地坐着的听众振奋起来！

不会有任何一类人会像公共演讲家那样置身于这样严格的展现内在自我的测试之中，也没有其他人会像演讲家那样冒着暴露自己弱

---

① 海恩（Robert Young Hayne，1791—1839），美国政治领袖、曾任参议院议员、北卡罗来纳州州长、查尔斯顿市市长。

② 诺迪卡（Lillian Nordica，1857—1914），美国歌剧演员。

点的风险，或者在其他人的评论之中这样愚弄自己。除了那些不知羞耻、感觉迟钝，并且毫不在意他人对自己的看法的人，公开演讲—独立思考，对于所有人来说是强有力的教育家。没有什么其他事物能够如此充分彻底地泄露出一个人的弱点或者显示出思想的局限性、言语的空洞、词汇量的匮乏，也没有什么其他的事物能够像个人的公开言论这样成为性格、阅读范围以及观察力是小心谨慎还是疏忽大意的试金石。

对培养有效语言能力的早期训练会使人通过阅读优秀的图书和词典小心谨慎地获得上乘的词汇量。人们必须要懂得言语的使用。

谨密、简洁的评论是必不可少的。当你完成的时候要学会停止。在已经陈述了自己的观点之后就不要再将自己的谈话或者争论引申出去。那样的话，你只能抵消自己留下的良好印象，只能削弱自己的论据，并且由于缺乏机智老练、公正的判断力或者相应的鉴赏力会使其他人对你产生偏见。成为一位优秀的公共演讲家的尝试是唤醒所有大脑才能的伟大力量。源自控制他人的注意力、鼓动听众的情绪或者使听众信服的力量感会给人以自信、信心和独立精神，激发人的雄心壮志，而且往往会使人在每个细节方面都要高效。

一个人的男子气概、性格、学识、独到的判断力——所有这些使他成为今日这个人的事物——就像一张全景画一样正徐徐展开。每一种大脑的才能都会得到复苏，每一种思想和表达能力都得到鞭策。思想观点迫切希望得到表达，遣词造句迫切需要得到精心挑选。演讲者汇集了他所有沉淀下来的教育、阅历、天赋或者后天的才能的储备，并且聚集了所有的力量努力去获得听众的赞许和掌声。

这种努力控制了人所有的本性，眉头紧锁，充满怒火的眼神，双颊通红，血脉喷张。沉睡着的冲动和兴奋被唤醒，已经部分被遗忘的记忆再次复活，想象力苏醒过来看见了思想平静时从未出现的身影和笑容。

全部人格的强制觉醒具有远比演讲活动更深远的影响。努力以一种合理有序的方式安排一个人的所有储备，努力展现一个人所拥有的全部才能，更好地将这些储备永久地保留在手中，并且更加触手可及。

辩论俱乐部是演讲家的摇篮。不管为了参加辩论俱乐部要走多远的路，有多麻烦，或者赶时间有多困难，你由此得到的锻炼常常会成为人生的转折点。林肯、威尔森、韦伯斯特、乔特、克莱以及帕特里克·亨利这些人都是在那些旧式的辩论社团里接受了训练。

不要因为不知道关于议会法律的任何事情就认为自己不应该接受所在俱乐部或者辩论团体的主席职位，或者不应该积极参与其中。这就是学习的地方，而且当你接受了这个职位的时候，你便可以去了解那些规则，而且极有可能就是在你被塞到那个需要发布那些章程的主席职位之前，你永远都不会了解那些章程。尽可能地加入年轻人的团体当中去，尤其是那些自我提高的组织，并且强迫自己利用得到的每一次机会进行演讲。如果这样的机会没有降临到你的身边，那么就自己去创造这样的机会。站起来然后对于每一个即将讨论的话题都说些自己的意见。不要害怕站起来提出异议或者进行附议，或者发表自己的观点。在你做出更加完善的准备之前不要一直等待。否则你永远不会成功。

每一次的站起来都会增加你的信心，而且经过一段时间之后你就会形成演讲的习惯直到它和其他任何事情同样容易了。没有任何一样事物能像辩论俱乐部以及各种类型的讨论这样如此迅速、如此有效地使年轻人成长。我们大多数的公众人物都将自己的晋升更多地归因于旧式的辩论社团而不是其他任何事情。在这里他们收获了学识、自信、自力更生；在这里他们发现自我。就是在这里他们学着去不要害怕自己，学着去有力而独立地表达自己的观点。没有什么比在辩论中奋力捍卫自己的观点更能调动一个年青人的内在能量的了。正如摔跤对于身体的作用一样，辩论是训练大脑的重要而又强有力的方式。

不要退缩在后座上，起来！上前去吧。不要害怕去展示自己。这种退缩进角落里、摆脱公众的视线、避免招引公众的注意的行为对于自信来说是致命的。

从公开辩论或者演讲之中退缩下来是这样容易、这样充满诱惑力，对于中小学或者大学中的男孩女孩们来说尤其是这样，因而，在这样的背景之下就算是在今时今日，他们也不能接受足够良好的教育。他们想要一直等下去，直到他们更加擅长使用语法，直到他们阅读了更多的历史事件、更多的文学作品，直到他们获得了更多一些的文明教化并且举止轻松。

但是获得风度仪态的方法是熟能生巧，保持沉静和泰然自若以使自己在公共集会时不会心烦意乱的方法是获取经验。相同一件事做了很多次的话，它就会成为你的第二天性。如果你收到了邀请去进行讲演，不管你是多么希望从中退缩，或者不管你可能是多么地胆小或害羞，一定要下定决心不要让这种能拓展自身能力的机会从身边溜走。

我认识一个年轻人，在公开演讲方面他天赋异禀，然而他是那么地胆小羞怯，因而每当他收到邀请在宴会上或者在公开场合进行演讲的时候，他总是退缩，因为他总是担心自己没有足够的经验。他对自己缺乏信心。他的自尊心那么强同时又是那样地害怕犯一些使自己蒙受屈辱的过错，因而他会一等再等，直到现在他已经丧失了信心，认为自己永远不能在公开演讲方面做出什么成就。要是他当初接受了所收到的那些邀请，他会愿意倾其所有，因为那样他会从这些经历中受益。对他来说犯一次错误，或者甚至是彻底失败几次，要比错失那些必定会使他成为一位更有影响力的公开演讲者的机遇好上一千倍。

术语上所称的"怯场"是非常常见的。一个大学男孩正在背诵一篇名为"致应征入伍的长辈们"的演讲稿。他的指导教师问他，"要是恺撒大帝做演讲也会这样吗"？"是的，"他回答，"恺撒大帝会被吓到半死，并且如同一只小猫一样紧张害怕。"

当一个毫无社会阅历的人知道所有的眼睛都在注视着自己，每一个听众都在估量他、研究他、仔细观察他看他有多少内涵，看他持有的立场，并且下定决心看他是多于还是少于自己的期待的时候，几乎致命的羞怯就会牢牢控制住他。

有一些人天生就十分敏感并且总是害怕受到他人的关注，以致他们不敢张嘴说话，甚至是在讨论一个他们非常感兴趣并且有着独到的重要见解的问题的时候也是这样。在辩论俱乐部、文学团体的集会，或者任何一种聚会上，他们闭口不言，期待着，但却害怕说话。要是他们能站起来提出自己的观点或者在公开集会上演讲的话，他们自己的声音一定会把自己吓得目瞪口呆。坚持自己的意见，提出自己对某一值得关注的话题的观点或是与自己同伴同样宝贵的观点，仅仅是这种想法就会使他们面红耳赤、缩作一团。

通常情况下，这种胆小羞怯与其说是对于自己的听众的恐惧，倒不如说是那种生怕不能恰当地表达出自己的观点的担忧。

对于公共演讲者来说，最难克服的事情就是自我意识。那些反反复复刺穿演讲者，不断在细细打量他，评论他的可怕的眼神很难被从他的意识中摆脱出来。

但是没有哪位演讲家可以给人留下深刻印象，除非他能够摆脱自我，除非他能彻底地消灭他的自我意识，在演讲时忘记自我。当演讲者在考虑自己会给听众留下怎样的印象，其他人会怎样看待自己的时候，他的能力就会大打折扣，并且他的演讲也就会机械、呆板。

即使是演讲台上的一点点失误也是会产生对人有益的结果的，因为这样的经历通常会激发下一次战胜困难的决心，这种情况屡见不鲜。德摩西尼①英雄般的努力以及迪斯雷利②的"当你听到我的时候，时机就到来了"，都是历史上非常著名的例子。

赢得通向前台的道路的不是演讲本身，而是演讲背后的那个人。

一个人有影响力，因为他本身就是各种力量的体现，他本身就信服于自己所说的话。在他的本性当中没有什么消极的、怀疑的、不确定的东西。他不仅仅知道某件事情，而且深知这一点。他的观点承载着自身的全部砝码，整个人会对自己的判断力表示认可。他本身就在自己的信念之中，在自己的行动之中。

---

① 德摩西尼（Domesthene，公元前384—公元前322），古希腊著名政治家、演说家。

② 迪斯雷利（Benjamin Disraeli，1804—1881），英国政治家、作家，曾两度出任英国首相。

有这么一位我曾经聆听过的最使人着迷的演讲家，人们会步行很长一段距离然后站立数个小时，为的就是获得许可进入他举行演讲的礼堂，但是他却从来没能获得自己的听众的信任，因为他缺少个性。人们喜欢被他的雄辩口才左推右摆。在他说出的完美语句的韵律节奏当中蕴含着非凡的魅力。但是不知为何，他们可能不会相信他所说的。

演讲家一定要真诚。公众们很快就能看穿虚伪。如果听众们从你的眼底看见的是没有价值的东西，如果他们看出了你并不是真诚地对待他们，看出了你是在表演，他们就不会再信任你。

能够说出一些令其他人愉快、感兴趣的事情是远远不够的，演讲家一定要有说服力，要想说服其他人，演讲者本身就要有十分坚强的信念。除非是面对某个重要的场合，很少有人能最大限度地提升自己或者了解自身全部的能力。在某些重要的紧急事件的面前，我们超水平发挥了自己的潜能，我们会和其他人同样大吃一惊。不知为何，那些安静地站在我们背后，深藏在我们的本性之中的力量，将会彻底解除我们的压力，增强我们的能力数千倍并且能够使我们完成那些以前认为是不可能的事情。

演讲实践在人的一生中所起的重要作用是很难估量的。

当国家处于危难之际，一些重要的时机造就了一些世界上最伟大的演讲者。西塞罗、米拉博、帕特里克·亨利、韦伯斯特以及约翰·布莱特都称得上是这个事实的伟大见证者。

这些时机与在美国议会上所做的极其重要的演讲有很大的关系——比如韦伯斯特对海恩的回答。韦伯斯特没有时间做即刻准备，但是这次机会调出了这位伟人身上所蕴含的全部储备，他这样高高地处于他的对手之上，相比之下海恩看起来就像是矮人一样。

写作发掘了很多天才，但是这个过程要比那些能够发掘出演讲家的伟大时机要慢并且低效很多。每一次的危机都能召唤出那些先前并没有得到开发而且可能是未知的能力。

没有哪位在世的演讲家曾伟大到能够像对着因自己的演讲主题而热血沸腾的观众一样，对着空旷的大厅和空空如也的座椅也能施展出同样的才能、力量和魅力。魅力的产生，即一种能够激发大脑所有才能，起到强心剂和兴奋剂作用的无法言表的吸引力，在于观众的存在。演讲家可能在观众的面前说出自己在走上演讲台之前不可能说的话，就像我们可能经常会在激情热烈的交谈中对朋友说出那些我们在独自一人时不会说出的话一样。就像当两种化学试剂溶合在一起的时候，一种新的物质就会从这种结合之中生成，而这种新的物质绝对不会存在于任何一种单独的试剂中，人们会感觉到观众的合力像一股股波涛冲击过自己的大脑，演讲家们称之为鼓舞力，这是一种他们自身个性中并不存在的巨大力量。

演员会告诉我们有一种难以言表的振奋鼓舞来自于剧厅、脚灯、观众，这是他们在进行沉闷呆板的彩排中不可能感受到的。在众多期盼的面孔中，有某种能够唤醒人们雄心壮志、激发他们潜能的东西，除了在观众面前人们永远也不会感觉到它的存在。这种力量从前也同样待在那里，只是没有被激活。

在一位伟大的演讲家面前，听众都完全沉浸于他的影响力之中。他们会随着他的意愿大笑、哭泣，或者会依照他的吩咐或站或坐，直到他解除了对他们的魔咒。

激荡起所有听众的热血进而将他们的情绪激发到这样一种状态，以至于他们如果不按照所促使的那样去做，他们就一刻也控制不了自己，演讲家除了这些还能做什么？

"他的话就是规则"，这句话可以很好地诠释出一位演讲技巧可以左右整个世界的政治家。还有什么技巧会比能够改变人们的思想更了不起呢？

温德尔·菲利普斯就是这样利用人的情绪，就是这样改变了那些既憎他又对他演讲充满好奇的南方人的信念，以至于他甚至一度说得他们认为自己的立场是错误的。我曾见过他，他对我来说似乎是神一样的人物。他轻松自如地左右着他的听众，那些在奴隶制时代憎恨他的人也在那里，并且不禁为他欢呼喝彩。

维特摩尔·斯托里[①] 说，在詹姆斯·拉塞尔·洛厄尔[②] 还是一个学生时，他和斯托里曾一起去芬妮伊尔演讲厅听韦伯斯特的演讲。因为他想留在泰勒的内阁中，他们打算用嘘声把他轰下台。他们推断是召集三千人加入他们会是一件非常轻松的事情。当他开始之后，洛厄尔面色苍白而斯托里则脸色铁青。他们觉得韦伯斯特炯炯有神的双眼一直在注视着他们。韦伯斯特的开场白将他们的嘲笑变为了钦佩赞美，将他们的蔑视转变为尊敬。另一个学生在讲述自己倾听一位伟大的传道者的讲演的时候说道："使我们得以一睹至圣之所。"

---

① 维特摩尔·斯托里（Witmore Story，1819—1895），美国雕塑家、艺术评论家、诗人、编辑。

② 詹姆斯·拉塞尔·洛厄尔（James Russell Lowell，1819—1891），美国浪漫主义诗人、评论家、编辑、作家和外交家。

第十五章

仪容整洁很重要

　　服装并不能造就人，却能够对人的生活产生比我们想象中大得多的影响。合适得体的衣服会使人举止自然。穿着体面将会使人的行动变得优雅、自在，而着装不当通常会使人产生束缚感。

衣如其人。

——莎士比亚

通常，衣装整洁者道德亦高尚。

——H．W．萧[①]

　　仪容整洁主要包括两个方面：身体的洁净以及衣着打扮上的漂亮得体。通常二者是相伴相随的，服饰上的整洁表明一个人对于个人清洁卫生方面的细心留意，而外表的邋遢马虎则反映出比着装本身更深层次的问题。

　　身体是我们首要的表达方式。外在形象作为一个人的内心的表象而被广泛接受。如果一个人因为完全疏忽、漠不关心而使自己的外表令人讨厌甚至受人排斥的话，我们就会得出这样一个结论：其思想同样令人厌恶。一般来说，这种结论还是非常公正的。崇高的理想以及强健、洁净而健全的生命和工作与差劲的个人卫生标准格格不入。一个会忽视了洗浴的小伙子往往会忽视整理自己的思想；而且在各个方

[①] H.W.萧（Henry Wheeler Shaw，1818—1885），美国幽默家、作家、演讲家。

面都会很快地堕落下去。而一个不再仔细关心自己外表上一些极其细微的细节的年轻女士很快就会招人厌烦，她会逐渐堕落成一个毫无志向、邋遢懒散的女人。

因而，在犹太法典中，对清洁的要求几乎接近于对信仰上帝的要求，这并不奇怪。我还应该将它置于更加接近信仰上帝的要求的位置上，因为我相信绝对的清洁就是对上帝虔诚的信仰。肉体上的洁净、灵魂上的纯洁可以把人升华到至高境界。如果一个人连这最起码的清洁都没有，那么他不过是一介莽夫。

健康、强壮、洁净的身体，和美好、坚强、纯洁的品格之间有着紧密的联系。一个在其中一方面放纵自己的人在另一方面也会不由自主地堕落下去。

个人利益也一样强烈地要求我们的行为要符合洁净法则，就如同美和道德对我们的要求那样。每天，我们都会看见由于未能达到洁净法则的要求而遭受"惩罚"的人。我回想起许多有才能的速记员仅仅是因为没能保持指甲的清洁而丢掉了工作的例子。我认识一位诚实、聪明的人丢掉了自己在一家大型出版公司的工作，仅仅是因为他对刮胡子和刷牙之类的琐事不够细心。一位女士走进一家商店想要购买缎带，当她看到售货小姐的双手时马上改变了自己的主意，转身去了别家商店。她说："精美的缎带是不应该由这样肮脏的手接触的，否则就会失去光泽。"当然，不久之后，这位售货小姐的老板就会发现她在销量上并没有什么进展，到那时，洁净法则就会无情地发挥作用了。

整洁的外表首先强调的是经常沐浴的必要性。每天一次的沐浴保证了皮肤的干净、健康，否则身体的健康就无从谈起。

重要性仅次于沐浴的是正确的护理头发、双手和牙齿。这些护理只需要一丁点儿的时间、肥皂和清水就可以了。

修剪指甲的工具非常的便宜，几乎每个人都可以买得起。如果你买不起一整套工具的话，你可以买一个指甲锉，那样你就可以保持自己的指甲光滑洁净了。

保持一口洁白整齐的牙齿是件非常简单的事情，然而偏偏会有更多的人在这方面犯错误。我认识很多穿着十分讲究的年轻人，他们似乎对自己的个人形象相当自豪，然而，却忽视了自己的牙齿。他们并没有认识到，没有比牙齿满是污渍、蛀牙或正面的牙齿缺失更容易损坏自己形象的事情了。不论男女，最不礼貌的莫过于口臭，没有哪个人可以忽视自己的牙齿，否则他将会自食恶果。没有哪位老板愿意雇用一个因正面牙齿缺失而形象大打折扣的职员、速记员或者其他任何雇员。有许多求职者被拒之门外就是因为他们糟糕的牙齿。

对于那些想在这个世界上闯出名堂的人来说，衣着服饰方面的忠告可以简短地概括为这样一句话，即"服装须雅致，勿奢华"。服饰简洁质朴的风格是最具魅力的。在当今时代，随处可见种类繁多的物美价廉的衣服，大多数人还是能够支付得起着装体面的费用的。但是如果境况窘迫，只能穿破旧的服装，你也无须为此而面红耳赤。自己身上每件通过正当手段购买得来的旧衣服要比那些通过非正常渠道得来的新衣服更能为自己赢得自尊和别人的尊敬。我们要避免穿着的不是破旧的衣服，而是那些让所有人都皱起眉头的邋遢的衣服。如果你根据自己的财力进行穿着打扮，不论你生活多么贫困，你都可以做到穿着得体。在自己经济能力许可范围内要尽可能以最好的衣服展现在旁人面前，总是一丝不苟地注重保持自己整齐与干净，并且不惜一切代价来维护你的自尊和正直的品格。这种意识会在你处于最艰难的逆境时支撑着你，给予你能够博得其他人尊敬和钦佩的尊严、力量和吸引力。

赫伯特·H. 弗里兰德在很短的时间里从一名长岛铁路处的普通工人晋升成为纽约全市地面铁路部门主席。在一次关于"如何获得成功"的演讲中，他说道："衣装服饰不能成就一个人，但是，适宜的着装的确帮助很多人找到了好的工作。如果你手头上有二十五美元，并且希望获得一份工作，那么花二十美元购买一套正装，再花四美元买一双鞋，其余的钱用来刮胡子、理发和清洗衣物，然后直奔面试地点，要比你穿着邋遢的衣装，口袋里揣着那二十五美元去面试好得多。"

多数大型商业机构都有一条不成文的规定，即不会雇用衣衫褴褛、邋遢马虎或者参加面试时着装不当的人员。一位为芝加哥一家零售业巨头招聘销售人员的负责人说："虽然申请的规程对于每个求职者都严格地执行，但事实上求职者面试成功与否最重要的因素仍然是其个人形象。"

不管一个求职者拥有多少优点、多大能力，如果他忽视个人形象，那么他必将为此付出巨大代价。一些求职者就像一块未经雕琢的钻石，其价值远远超过一块闪闪发亮的玻璃，然而偶尔也会被拒绝。与那些被拒之门外的、才能出众的求职者相比，依靠良好的优秀的外表获得工作的求职者也许有时非常肤浅，尽管他们的能力不及那些被拒者的一半，但是既然已经获得了工作，他们就会努力保住它。

影响美国雇主的这些规则，在英国也同样适用，这一点得到了《伦敦制衣业报告》的证实。这份报告中说："如果一个人对个人卫生和衣装的整洁格外用心的话，那么从他所完成的工作中也会看到他的全心投入。在个人生活习惯上马马虎虎的人生产出来的产品也总是马马虎虎的；而对自己的外表非常在意的人同样会十分在意自己生产出的产品的外观。这条适用于工厂的原则可能也同样适用于销售商品的柜台。精明的售货小姐通常会对自己的衣着非常挑剔，她们讨厌穿戴肮脏的衣领、磨损的袖口、掉色的领带，难道事实不是这样吗？事实的真相表明，似乎对于个人习惯和整体外形的格外关心常常暗示着某种思想上的警惕，这使他容不得任何形式的邋遢懒散。"

那些希望保持成功的生活最重要的要素的年轻男女，没有哪位受得了忽视着装的恶果，因为"人如其衣"。如果注意着装得体，优雅轻松的行为举止便会随之而来，同样，褴褛污秽、不得体的着装会让人感到尴尬、不自然、缺少尊严和地位。毫无疑问，衣着服饰影响着我们的心绪和自尊，每个人都明白这一点，穿着适宜得体的新衣服时心里无比激动，谁没有过这种经历呢？破旧褴褛、不得体、脏污的衣服对于道德品性和行为举止也是有害的。伊丽莎白·斯图亚特·菲利普斯[①] 说过："实际上，穿着干净笔挺衬衣的意识本身就是一种道德力量的源泉，其重要意义仅次于纯净的良心。熨烫整齐的衣领、崭新

---

① 伊丽莎白·斯图亚特·菲利普斯（Elizabeth Stuart Phelps，1844—1911），美国女权主义作家。代表作：《门之间》《空房子》《生命的乐章》《沉静的伙伴》《基督耶稣的故事》等。

的手套都可能帮助一个人渡过难关，而这种情况下只要一个皱痕或者一条裂口就能将他打败。"

注意一些极其微小的细节的重要性——着装体面正是其完美性的体现，这一点可以由下面这个关于一位年轻女士争取一个理想职位失败的实例得到完美的诠释：我们这一代人中不乏道德高尚的女士，其中就有这样一位女士建了一所女子技校，在这所学校里女孩们可以接受到良好的英语教育，并辅以相应的训练，以便将来能在社会上自谋生计。她很需要主管兼教师的人来帮忙，所以当学校的委托人向她推荐了一个年轻姑娘时她认为自己非常幸运。这位姑娘机智过人、充满智慧、举止优雅，非常符合这个职位的要求，委托人们对她赞赏有加。这位学校创始人马上邀请这个年轻姑娘前来面试。显然，这个姑娘具备了所有应聘条件；但是，在没有给出任何解释的情况下，这位夫人却断然拒绝试用她。过了很长一段时间，被一位朋友问及为何拒绝雇用这名能干的老师时，她回答道："只是因为一个细节问题，但是这个细节却像古埃及的象形文字一样意义丰富。那天，那个女孩来见我时穿着时髦、雍容华贵，但是却戴着一双破旧肮脏的手套，鞋子上的纽扣也松开了一半。一个邋遢马虎的姑娘对于任何年轻女学生们来说都不是称职的老师。"也许，那个求职者永远都不会知道自己未能获得这份工作的真正原因，因为她无疑在每一个方面都非常地合格，除了这个看似并不重要的着装细节。

无论从哪方面说起，衣着得体都会给你带来极大的好处。知道自己着装得当就如同为我们注入了精神上的强心剂。很少有人能够强大并且泰然自若到可以丝毫不受周围环境的影响。如果你没有洗漱、衣衫不整地躺在床上，房间里也到处乱七八糟的，你可能不想也不希望见到任何人，所以对这一切都并不在意，那么你将发现自己的心情很快就会与自己的着装以及周围环境一样糟糕。你的精神会逐渐变得懈怠，不愿意努力，变得和你的身体一样邋遢懒散、随意而且怠惰。另外，如果，当你受到了忧郁沮丧情绪的困扰，感到工作虚弱无力的时候，不要蜷穿着睡衣或便衣躺在房间里，你应该好好地洗个澡——一个土耳其浴自然最好了，如果你能够支付得起的话——然后穿上你最好的衣服，仔细梳洗打扮一番，就好像要去参加时尚招待会一样，接着你就会觉得整个人都焕然一新了。十有八九在你还没有梳妆完毕，你的"忧郁沮丧"和病快快的感觉就会像噩梦一样一扫而光，并且你对于人生的整个看法都会随之改变。

在强调着装的重要性的时候，我并不是说你应该像那个英国纨绔子弟博·布鲁梅尔一样。他每年仅仅花在裁缝店里的钱就达到了四千英镑，他还常常花费数小时来系领带。过度热衷于衣着服饰要比对其完全置之不顾还糟糕，因为这类人像博·布鲁梅尔一样太热衷于衣着打扮，衣着成为他们生活的主宰，他们因此会忽略了自己于人于己的神圣职责；或者他们会像博·布鲁梅尔一样把自己大部分时间浪费在对衣着打扮的研究上。但是，我必须要说明，鉴于衣着打扮对自己及对我们所接触的人的影响，根据我们的职位需求，在收入允许的范围内穿得尽可能得体恰当是一种责任，也是最划算的事。

许多年轻人在认识上存在误区，他们认为"穿着得体"就是要衣着华贵，在这种错误观点的引导下，他们陷入了与那些认为穿着打扮毫不重要的人同样的误区。他们把本应该用来丰富头脑和心灵的时间浪费在了研究梳洗打扮及盘算如何将有限的收入分配在购买不同款式的帽子、领带和外套上面，而这些商品都是他们从领先时尚的商店里见过的。如果他们无论如何都买不起这些他们梦寐以求的商品，他们就会购买一些价格低廉、俗不可耐的山寨货，其效果只会使他们看上去更加地滑稽可笑。这类男子戴着廉价的戒指，系着染成朱红色的领带，而他们几乎全都是职位较为低下的人。就像是卡莱尔所描述的那样"一个被衣服包裹起来的人，一个生意、工作甚至生活的全部都在于服装穿着的人，他的灵魂、精神、身体以及钱包的每项功能都英勇无畏地奉献给了这个唯一的目标"。他们生而为穿戴，并且没有时间用来提升自己的文化素养或者在事业上更进一步。

过分讲究穿着的年轻女士只不过是上述纨绔子弟的女性版本。二者的行为似乎都与自己的穿着打扮有着细微的联系。他们大吵大嚷、好炫耀而又庸俗。他们的服饰风格表明了自己的性格类型，甚至比那些邋遢马虎、穿着不整的人的性格更加令人不快。世人皆赞同这一事实，莎士比亚曾所说过"服装往往昭示着穿衣人的一切"；男人常常由于自认为迷人的装束打扮而遭到众人的唏嘘，女人更是如此。乍看上去，通过穿着打扮来判断一个人可能非常草率并且浅薄，但是经验一次又一次地证明：通常情况下，穿着打扮的确可以衡量穿衣人的判断力和自尊心。有志成功的上进青年应该像挑选伴侣一样仔细地选择服装。有句古老的格言说的是："跟我说说你的朋友，我就能告诉你你是什么样的人。"但是某位哲学家曾经说过一句富有哲理的话，"让我看看一个女人一生穿过的衣服，我就可以写出她的传记"。

悉尼·史密斯说道："教导一个女孩，告诉她说美貌毫无价值、穿着打扮毫无用途，这是多么荒唐可笑的事情啊。女孩一生的前途和幸福往往就取决于一件新衣服或者一顶迷人的帽子。如果她拥有一些基本常识的话，她很快就会明白这一点。最重要的事情是要教会她认识到美貌和穿着打扮的正确价值。"

确实，服装并不能造就人，但是却能够对人的生活产生比我们想象中大得多的影响。普伦蒂斯·马尔福德①曾说过衣服是其中一种净化种族灵魂的途径。当我们想到衣服对个人卫生所起的作用的时候，就会知道这绝不是夸张的说法。举个例子，让一个女人穿上一件破旧的脏衣服，就会让她对头发是披散着还是扎起来毫不在意；而脸和手是否洁净，脚下所穿的鞋子是否随意更是无关紧要，因为她会争辩说："随便什么东西都能够配得上这件破旧的衣服。"她走路的姿势、行为举止、整个人的情绪都会以某种微妙的方式被那件破旧的衣服主宰。想象一下她做了一些改变——穿上一件精致的薄纱外衣，那她的表情、举止必然大不相同！她的头发必定是梳理整齐，为的就是和衣服协调；在轻纱的笼罩之下，她的面容、双手以及指甲一定会变得洁净无瑕；破烂的旧鞋也会换成与之相配的新鞋；她的情绪也会发生很大转变。与穿着肮脏旧衣服的人相比，她会对那些穿着干净的新衣服的人表现出更大的敬意。"你愿意改变自己目前的想法吗？更换你的服装吧，你立刻就会感受到它神奇的效果。"

---

① 普伦蒂斯·马尔福德（Prentice Mulford，1834—1891），美国知名的幽默作家，除此之外，也是新思想运动的提倡者。代表作：《思想及物质》《如何运用你的力量》《理解的天赋》《精神的天赋》《普伦蒂斯·马尔福德的故事：陆地与海之间的生活》等。

　　甚至像博物学家、哲学家布冯那样的权威人士也证实了衣服对于人的思想的影响。他声称如果不穿着整套正装的话，就无法有效地思考。正因如此，在进入书房前，他总会穿戴整齐，即使连佩剑都不会漏掉。

　　不合体、破旧的着装不仅使一个人丧失自尊，同时还会使他失去舒适和力量。合适得体的衣服会使人举止自然、言语得体。穿着体面将会使人的行动变得优雅、举止自然，而着装不当通常会使人产生束缚感。

　　大家一定可以感受得到，上帝也是美丽衣装的热爱者。因为他给自己所有的杰作穿上了美丽而绚烂的长袍。每一朵鲜花都衣着华美，每一块土地都在美丽斗篷的覆盖下羞涩得脸儿发红，每一颗星星都蒙上了闪亮的面纱，每一只鸟儿都穿上了最高贵典雅的服装。如果我们能给他最伟大杰作准备美丽的着装，他一定会非常高兴。

第十六章

自力更生

人身上最可贵的莫过于他的独立性、自力更生、创造力。自力更生与其他任何一种人类品质相比，它能够征服更多的障碍，克服更多的困难，完成更多的进取和冒险，改进更多的发明创造。

每一个正常的人都能自食其力、自力更生，然而相对来说却很少有人能够培养自己独立的能力。依赖他人，沿着他人的轨迹，跟随着其他人走下去，让其他人去思考、去规划、去工作是件容易得多的事情。

典型美国人的最糟糕的缺点之一就是，如果他不具有某些特别领域的指挥才能，他通常就会认为不值得充分发掘自己的全部才能。

不要仅仅因为你不是天生的领导者就认为自己生来就要依靠其他人。因为你不具备优秀的领导指挥才能并不能成为你不培养所拥有的那一点点才能的理由。除非我们将自己的能力付诸实践检验，否则我们永远不知道什么样的力量源泉或者希望属于我们自己。许多的男男女女已经证明了自己是一位伟大的领袖，而且他们看起来并非天生如此，起初他们并没有展现出一丁点儿自力更生的迹象。

模仿、重复是不可能产生领袖的。从领袖的身上并不能反射出大多数人的意见。他们独立思考，他们不停地创新，他们制订自己的方案然后付诸实施。

支持任何特别的事物的人如此之少！大多数人仅仅是统计数字中的众多个体之一；他们在构成更庞大一点的群体上起到了一定的作

用；但是很少有人能够卓尔不群、自立自足！

几乎你所见的每一个人都在依赖着某些事物或者某些人。有一些人依赖自己的金钱，有一些人依赖自己的朋友，有一些人依赖自己的服饰打扮、出身、地位；但是我们很少看见有人能够实实在在地独立：他们靠自身的实力度过一生，并且自力更生、足智多谋。

在晚年的生活中我们永远不会原谅那些允许我们去依靠他们的人，因为我们都知道这样做就剥夺了我们与生俱来的权利。

在一位父亲向自己孩子展示如何做某一件事情的时候，他是不会感到满足的。但是当他以亲身实践攻克了这件事的时候，再看看孩子脸上那兴高采烈的表情吧。这种由征服所带来的新鲜感是一种额外的力量，它能够增强人的自信、自尊。

大学教育并不能提高实际的动手能力。它仅仅是为劳动者配备了工具。人们必须要通过实践来学习如何熟练地使用这些工具。正是这所"强力敲击"学校培养了人的性格并使人的成功潜质显现出来。能够发展人的性格并且能够使人身上的成功原料显现出来。

亨利·沃德·比彻常常讲述下面这个故事，在孩童时期，他就学会了如何依靠自己：

"我被叫到了黑板前面，然后我满腹牢骚、迟迟疑疑地走了过去，半信半疑，满是怨声。"

"'那篇课文是必须学会的'，我的老师以平静却有力的语气对我说道。带着十足的轻蔑，他将所有的解释和借口摧毁。他会说，'我只想这样一个问题：我不想知道你为什么没有学会的任何原因'。"

"我确实已经学了两个钟头了。"

"那对我来说毫无意义，我想让你学会这课。你可能根本不必去学习它，或者你可以学习十个小时，只要适合你就好。只想让你学会那篇课文。"

这对于一个毫无经验的小男孩来说非常地艰难，但却使我得到了历练。在不到一个月的时间里，我具有了强烈的独立思考的意识和为自己的背诵进行辩解的勇气。"

"一天，在一次背诵课文的过程中他那冷酷平静的声音在我耳畔响起，'不对！'。"

"我犹豫了一下，然后又重头开始，当我再次背诵到同一个地方的时候，'不对！'又以一种充满说服力的语气脱口而出，打断了我的背诵。"

"'下一位同学！'我红着脸茫然地坐了下来。那个学生也被这一句'不对！'给打断了，但是依旧继续背诵下去，一直到结束，当他坐下时，得到了一句'非常不错'的赞扬。"

"'为什么我和他背诵的一样，而你却对我说'不对！'，我低声抽泣着说。"

"为什么你不说'对'然后坚持下去呢？光知道那些课程内容对你来说还是不够的；你必须要知道你确实知道了。除非你十分确定，否则你就还没有学到任何东西。如果全世界都说'不对'的话，那么你的任务就是说'对'，然后去证实它。"

老师能给予学生最大的帮助就是训练他们去依靠自己，让他们相信自己的实力。如果年轻人没能锻炼自力更生的能力，他终将会是个懦弱者、失败者。

人最大的错觉之一就是他永远都会从来自于其他人的持续帮助中受益。

能力是每一个远大志向的奋斗目标，模仿或者依赖他人带来的只有软弱。能力是自我产生、自我发展的。我们不可能通过静坐在体育馆中或者让其他人对我们进行锻炼来提高自己肌肉的力量。没有什么其他的事物会像依赖于他人的习惯这样破坏独立的能力。如果你依赖他人，你就永远都不会变得强大或有创造性。要么卓尔不群，要么埋没自己的志向成为大千世界的芸芸众生。

有些家长试图给自己的孩子创造有利条件，那样孩子们就不必像他们那样去辛苦奋斗，但他们却在不知不觉中将灾难带给了孩子。他们所说的为孩子起步，很可能会成为孩子们在世上的阻碍。年轻人需要所有他们能够获得的推动力。他们是天生的依赖者、模仿者和抄袭者，对他们来说变成应声者、仿制品和拐杖非常地容易。当你给他们配备了拐杖的时候，他们就不会独立行走；只要你允许的话，他们就会一直这样依靠着你。

能够培养毅力和实力的是自立自强，而不是依靠别人拉上你一把或是别人的影响，是自力更生，而不是依靠他人。

爱默生说："躺在优势的温床上的人难免会昏昏欲睡。"

坐享其成对于辛苦努力具有如此的麻醉作用，对于个人努力和自主自立如此地致命，以至于要受助于人，觉得努力奋斗完全没有必要，因为其他人已经为我们做好了一切。

在这世界上最令人讨厌的一幅场景就是一个有着健康的血液、宽厚的肩膀、一双漂亮的小腿，还有着一百五十多磅身体的年轻人，双手揣在口袋中期待着他人的帮助。

你有没有想过在你认识的人中有多少人正在等待着什么东西？他们之中的很多人根本不知道自己在等什么；但是他们仍然在等待着。他们隐隐约约地觉得会有什么事发生，觉得会有什么幸运的巧合，或者会有将为他们打开通路的什么事情发生，或者会有人来帮助他们，这样，即使没有接受非常良好的教育，没做任何准备工作或者没有任何资本，他们都也能够获得事业上的起步或者进展。

有些人正在等着那些可能是来自于他们的父亲、富有的叔叔，或者某些远房亲戚的财富。还有一些人正等着那种叫作"运气"的"提拉"或"推动"的神秘东西来帮助自己。

有些人有这样的习惯：他们一直等着别人的帮助，期待着有人推自己一把，或者等待着别人的财产，或者任何形式的援助，或者等待着幸运的降临，我从来没见过这样的人能成大器。

只有那些除了所有的支撑，扔掉了拐杖，破釜沉舟，依靠自己的人才能取得成功。自力更生才打开通向成功大门的钥匙是能力的展现。

没有什么会像期待着别人的帮助这个习惯那样毁掉人们的自信心，而这种自信是人们所有成就的伟大基石。

一家大公司的高管最近说，他想把自己的儿子安排在另一家商业贸易公司任职，在那里他会得到锤炼。他不希望儿子跟着自己创业，因为他害怕儿子会依赖自己或者期盼着他的帮助。

有些男孩被父亲娇生惯养，允许他们随时来上班，想来就来，想走就走。这样的人往往是不会有什么成就的。正是能力的培养给人力量和信心。依自己才能培养获得成功的力量、处事的能力。

将一个小男孩置身于可以依赖他的父亲或者期望获得帮助的位置上是件很危险的事情。人在浅水中是很难学会游泳的，因为他知道自己能够接触到池底。在水没头顶的地方，在那种要么被迫去游泳要么沉入水底的地方，小男孩可以更快地学会游泳。当他被切断了所有的退路的时候，他就会安全地达到岸边。只要有可能就依靠别人，在我们感到有催马加鞭的必要之前我们不会采取什么行动，这都是人的本性。正是我们生活中的这个"必须"能够激发出我们身上最优秀的本领的"必须"。

这就是为什么那些经常受到父辈帮助的年轻人在家时一事无成，当他们不得不依靠自己的能力，不得不去做事或承受失败的耻辱时，却常常在很短的时间内培养出出色的才能的原因。

从你放弃了试图从其他人身上获取帮助的想法，变得自立自强的那一刻起，你就在通往成功的道路上扬帆启程了。从你放弃了所有外界帮助的时候，你就会开发出那些你所拥有但你却从未意识到的能力。

世界上没有什么其他事物会像你的自尊那样价值连城，然而如果你只想从一个又一个人那儿获得帮助，那么你就无法保持自尊。如果你下定决心依靠自己，将自己置身于独立的位置之上，那么你就会成为一个无比强大的人。

外在的帮助有时对我们来说似乎是一种幸事，但因其严重的破坏力，它常常成为一种诅咒。那些赠予你金钱的人并不是你最好的朋友。朋友是那些敦促你，强迫你去依靠自己、帮助自己的人。

有很多比你年长的人，拖着仅有的一只手臂或者一条腿，自食其力，而你拥有着健康的身体，有能力去工作，却期待着其他人的帮助。

　　没有哪个身强体壮的人会在自己有所依赖的时候认为自己是一个完整独立的人。当一个人有了一份买卖、一份工作或者某种能够使他完全独立的职业的时候，他会感受到一种额外的力量、智慧和圆满，这是其他任何事物都无法给予的。责任发掘能力。许多年轻人会在独自进入商界时才第一次发现自我。他可能已经为其他人工作了多年，但却从来没有发现过自我。

　　在为其他人工作的时候，是不可能发掘出自己最大的潜能的。因为没有动力，没有同样大的雄心或热情，无论我们多么地尽心尽责，都不会有有样的激励或鼓舞来造就上帝想要的那个人。人最可贵的是他的独立、自力更生和创造力，而这些在为别人效力的时候，永远得不到最大限度的展现，因为人性如此。

　　在风平浪静时驾驶船舶并不需要掌握太多的驾船技术，也不需要有太多的驾船经验。只有当狂风暴雨掀起滔天巨浪时，只有当船舶费力地通过那些可能将其吞没的浪间的波谷时，只有当其他人都受到了惊吓时，只有当船上的乘客中弥漫着恐慌情绪水手们哗变时，船长的航海技术才会接受检验。

　　只有当头脑得到最大限度的检验，只有当年轻人所拥有的每一点机智和聪明都被用来挽救可能出现的失败的时候，他的能力才会被发挥到极致。需要长年累月的努力才能将自己的一点点资本顺顺当当地扩展为大生意。只有坚持不懈地努力去保持容貌，去争取到并且留住客户，才能发掘出年轻人身上蕴藏的全部才能。只有当缺少金钱，生意不景气并且生活压力大的时候，真正的人才会取得最大的进步。没有努力奋斗，就不会有成长，就不会有品质。

当一个年青人知道他有足够的钱可以买到"教育"，可以不必为此努力，或是他可以花钱聘请辅导教师来帮助自己应付考试，那么他有多大的可能性去开发自己的内在资源？他们和那些知道自己不去赚钱就会身无分文，知道他们没有富有的爸爸、叔叔或者慷慨的朋友在背后支持的年轻人一样，倾尽全力刻苦学习，在每个夜晚、每个假日都努力工作，抓紧每一分闲暇时光用于自我完善、自我提升的可能性又有多少？

一个年轻人几乎让别人为自己做每一件事又怎能培养自力的精神或者独立的男子汉气概呢？正是那些对于能力的锻炼才使人变得更加强大。正是那些做出的努力奋斗才带来了坚强的毅力。

当一个人感到所有的外界帮助都被切断感到靠着自己的努力他要么站立要么跌倒，感到他要么在这世上闯出一条路来，要么就得忍受失败的耻辱时，他还会只使出同样的气力吗？我认为这是不可能的。

当被置于完全要依靠自身能力，没有任何可能获得外界帮助的环境时，一定有东西会激发出人体内最优秀最了不起的东西，使人用尽最后一丝努力，就如同是一个非常紧急的情况，一场大火或者其他一些大灾难能够激发出受害者在此之前从没想过自己能够拥有的那些能力。是一股不知从何而来的力量拯救了他们。他们会感觉到自己像一位巨人一样做了一些在这些紧急状况之前不可能做到的事。但是现在他们命悬一线。他被困的那辆毁损的汽车可能要着火，或者如果他再死死抓住那艘毁损的大船，他就可能会沉入海底。必须立刻行动起来，就像是忍着病痛的母亲看见了处于危难之中的孩子，只有在完全的绝望之中才能产生的力量充满了他的全身，使他感受到一种前所未有的力量帮助他脱离险境。

当人们不必为生活的基本需求而努力的时候，就总是会和劣根性有所联系。一直以来，需求都是种族发展的推动者。生存的基本需求一直都是鞭策人们从霍屯督人步入高级文明的驱动力。

当孩子们憔悴、饥饿的面孔凝视着发明家的时候，他就会潜入内心深处并且抓住那些创造奇迹的能力。哦，在贫穷和严峻的基本生存需求压力下，还有什么是无法做到的呢？只有当我们面临考验的时候，只有当巨大的危机暴露了那些在平常深藏不露的潜能时，我们才能发现自己的身上蕴藏的能量，只有在危急时刻，在绝境之中这些能力才会有所应答，因为我们不知道如何才能深入内心去捕获这些能力，做出反应。

有一次，一个小男孩告诉他的父亲自己在一棵树上看见了土拨鼠。小男孩的父亲对他说那是不可能的，因为土拨鼠不可能爬到树上去。小男孩坚持说当时一只小狗就站在土拨鼠和鼠洞之间，而它不得不爬到了树上。除此之外没有其他脱离险境的办法。

在生活中我们去做那些"不可能"的事情仅仅是因为我们不得不去做。

自力更生是朋友、权势、资本、出身或者帮助的最佳替代品。与其他任何一种人类品质相比，它能够征服更多的障碍，克服更多的困难，完成更多的进取和冒险，改进更多的发明创造。

那些自强自立、不畏艰难、在障碍面前毫不犹豫、相信自己天生才能的人，他们才就是那些能够获得成功的人。

　　至于为什么有那么多人在这世界上几乎无足轻重，其中一个原因就是他们害怕去做出些成就或者拥有坚定的信念。他们害怕独立思考，或者充满自信。他们这里调整一点那里调整一点就为了不招致别人的反感。他们慢慢试探着看看你的立场如何，看看他们在敢于坚持自己想法之前你的想法是否与他们一致，那样他们的意见就仅仅是你的意见的一个改进版。

　　热爱天才，热爱那些拥有自己的观点并且勇于坚持它的人，热爱那些拥有信仰并且敢于将其付诸实践的人，热爱那些拥有信念并且敢于捍卫它的人，这便是人的某种本性。

　　有些人在了解我们之前不敢展示自己，不敢表达自己的观点，因为他们害怕可能会与我们背道而驰或者冒犯我们，我们对这样的人只会感到蔑视。我们所敬重效仿的是那些确定的目标远远超出他们周围的狭窄眼界的人，他们不畏其他人的批评指责，有勇气，有决心，敢于承受并且尽职尽责。这样的人绝不会因为不被人理解而灰心沮丧，因为他知道只有那些有远见的人才能看见他的目标，知道如果他目光高远的话，他的目标必定难以被他周围的大多数人看见。

　　保持这样的信念会使人精神振奋，你来到这个世上是为了某一目标，是为了有所裨益，你所扮演的角色是其他人无法替代的，因为每一个人在生活这场大戏中都有各自的角色。如果你不去扮演自己的角色，在拍摄中就会有不足和欠缺。只有当一个人感受到这样的压力——他们生来就是要完成这世界上的某一件事，担任某一个特定的职责，否则他就不会有所成就。接下来，生活似乎就呈现出了新的意义。

第十七章

精神上的朋友和敌人

我们必须守卫在自己思想的大门口，将所有幸福和成功的仇敌拒之门外。爱心、宽容、善心、亲切、对于他人的友善，这些都会唤起存在于我们内心最高贵的情感。它们可以鼓舞人心、提升士气，它们造就了健康、和谐和力量，它们会使我们置身于无限的和谐之中。

我们可以使自己的头脑成为美的画廊或者恐惧的密室，我们可以用任何事物随意布置它。

我们用精神意象进行思考。它们总是先前于有形的现实。头脑中的画面会被复制进现实生活中，铭刻在人的性格上面。所有的实体经济都会不断地将这些意象、这些头脑中的画面变为实际生活，转化为人的性格。

允许那些阻止你通向成功与幸福的劲敌——不和谐的思想、不健康的想法、忌妒的想法——进入你的头脑之中，然后偷取了你的身心健康，夺走你的平静与安宁，而失去这些你的生活就会成为现实中的坟墓，与之相比，允许盗贼进入你的家里偷走你最宝贵的财富，抢走你的钱财要好上一千倍。

不论你为了生存做什么或者不做什么，都要下定决心不让那些不健康、不和谐、使人厌烦的思想进入你的头脑。所有这一切都取决于你能否保持自己的心智清澈和干净。保持你思想的圣地，你的大脑的纯净并且使之远离你所有思想上的敌人。

不和谐的思想、病态的情绪，一旦潜伏在人的内心之中就会孕育出更多不和谐的思想和更多病态的情绪。自从你将其中任何一种隐藏于内心的那一刻起，它就会开始成千倍地增加，并且变得更加地可怕。不要和混乱、错误或者病态情绪的雏形有任何的瓜葛。它们会损坏所有触碰过的东西。它们会在每一件事上留下自己恶劣的印象。它们会夺走一个人的希望、幸福和实力。从你的头脑中卸下所有那些阴暗的画面，所有黑色的意象。驱散它们。它们仅仅意味着危害、失败、雄心抱负的终止，以及希望的凋亡。

我们必须守卫在自己思想的大门口，将所有幸福和成功的仇敌拒之门外。

人就是这样，我们必须做正确的事情，我们必须奋勇向前，我们必须保持心地纯净真诚无私，宽厚仁慈富有爱心，否则我们就不可能拥有真正的健康、成功或者幸福。头脑与肢体的完美和谐就意味着纯净的心态。

如果我们在孩提时就学会关闭头脑的大门，将所有具备破坏性的有害思想拒之门外，将那些令人鼓舞、催人向上的、使人欢欣喜精神振奋的、给人以希望和勇气的思想留在脑海，那么竟然有那样多的损耗、扭曲、磨削、衰老的摩擦是我们可以避免的。我知道一些这样的例子，短短几个小时的忧郁、沮丧、消极、悲观、伤感要比数周的艰苦工作耗掉人更多的生命力和能量。

有时候我们会看到思想显示出它强大的威力。当一个人处于极大的悲伤、失望或者在很短的时间内失去大量金钱的时候，这个人的外表会发生如此大的改变，以致他的朋友几乎都无法认出他来。思想这个恶魔漂白了人的头发，从它在脸上刻下的皱纹里露出狰狞的笑容。

忌妒心会在数天或者数周之内对人的生活产生很大的破坏！它竟然可以毁掉人的领悟力，使生命的源泉干涸，减弱人的生命力，并且扭曲人的判断力！它毒害的是生活的核心。

在愤怒的风暴席卷过精神的王国之后，看见生活的希望、幸福和雄心壮志的破灭是非常可惜的。

如果孩子们在思考技巧方面得到恰当的训练，那么当他长大成人时要避免所有的这些——将美丽、宁静、安详带进人的头脑之中，而不是将有危害的思想形成的荒芜忧伤，将欢乐的盗贼、幸福和满足的偷盗者带入人的头脑之中，这将是多么容易的一件事情啊。

为什么我们在现实的层面上这么快就学会，知道炙热的东西会烧伤我们，锋利的工具会切伤我们，瘀伤会让我们遭受痛苦，并且努力去避免那些给我们带来伤痛的事物，利用和享受那些给我们带来欢乐和安逸的事物，然而在精神的王国中，我们却在不断地烧伤自己，喷射着自己，用致命的具有破坏性的思想毒害着我们的大脑和血液、分泌腺？因为这些思想的伤痕、精神上的瘀伤、愤怒的烧伤，我们遭受了多少磨难；然而我们并没有学会如何将所有这些遭遇的原因拒之身外。

人生的目的并不是应该遭受磨难，而是应该享受欢乐并且永远幸福、活泼向上。正是这种扭曲邪恶的思想习惯是人类堕落退化。

每个人都应该比我们之中最高兴的那些人还要高兴。那是上帝的旨意。我们可能会说史上制造出的最完美的手表的制造者曾经有计划地设计出一些阻力和不完美，就好像"万事万能"的造物主打算让人类遭受或多或少的苦难折磨一样。

　　要摆脱我们思想的敌人需要持之以恒、有计划地、坚持不懈地努力。没有精力、没有决心，我们做不成任何有意义的事情，那么如果我们不积极抵制，我们又怎能期望将和平与繁荣的敌人拒之于思想的大门之外，将它们从我们的意识之中驱赶出去，对它们关上思想的大门？

　　将我们私人的仇敌、我们不喜欢的人、那些伤害我们、对我们说谎的人驱逐出门可能并非难事，为什么我们不能将思想的敌人从我们的头脑中驱赶出去呢？

　　如果我们赤脚走在乡村的小路上，我们就要学会避免踩到那些坚硬的石头和带刺的荆棘，这些东西会割伤、划破我们的双脚。想要学会如何避免那些伤害我们，割伤我们并且留下丑陋的伤疤的想法——憎恨、忌妒、自私，这些念头只会使我们流血、遭受伤痛，这也不是什么困难的事情。这也不是什么根深蒂固的问题；这不过是一个将思想的敌人从人的头脑中驱赶出去，然后热情款待思想的好友的问题。

　　有一些思想可以散发出希望和快乐、欢乐和鼓舞，连通整个系统。然而其他一些想法却约束，限制所有的希望、欢乐和满足。

　　想一想我们将坚强、充满活力、机敏多变而又富有成效的思想保存在头脑中所带来的幸福、繁荣和长寿的美好未来吧！

　　当我们的头脑专注于和谐时，就不会再心怀纷争；当美丽映射于心灵之镜时，就不会心怀丑恶；当欢乐和幸福占主导地位时，就不会心怀忧伤。当欢乐、希望和高兴活跃在人的头脑之中时，悲伤和忧郁就不可能在人的身体上展现出来。

　　如果你坚持不懈地将这些有危害的想法——恐惧的思想、焦虑的思想、败坏品质的思想、病态的思想清除出自己的头脑片刻，那么它们就会永远地离开你；但是如果你容纳这些想法的话，它们就会为了获得更多的滋养、更多的支持而再次返回。其方法便是通过关闭思想的大门来劝阻它们进入。与它们毫无瓜葛，将其抛弃、忘记。当某些事情对你不利的时候，千万不要说："那只是我的运气不好，我总是陷入麻烦之中。我就知道它会变成这样。它总是那个样子。"不要怜惜自己。那是一种非常危险的习惯。学会保持自己心灵的干净，抹去那些不幸的经历、悲伤的记忆、那些会使我们丢脸、伤害我们的回忆，将它们全部清除出去，保持和过去一样清白的心灵并不是非常地困难。

可能你并不懂得什么是平静、舒适和幸福，当你痛下决心，并且持之以恒地执行你的决定，永远都不再和那些伤害过你并且使你遭遇到更深的苦涩折磨的事物有任何的瓜葛，它们就会来到你的身边。

不要再和你的错误、缺点有任何联系。不管它们曾是多么地苦涩，都要把它们涂抹掉，忘记掉，然后下定决心不会再去藏匿它们。当然，这不可能单单靠一个意志来完成，而是要通过坚持不懈的努力、坚决的意志和高度的警惕，才能逐渐地将思想中大部分的敌人清除，但是将不幸、苦涩、凄惨的经历清除出我们的记忆的最好的方式就是用对那些美好的事物光明的、令人鼓舞的、充满希望的思想填满我们的头脑。

和其他任何事物都一样，观念、思想也会吸引那些与其相类似的东西。那些在我们的头脑中占据主导的想法往往会将它们的敌人驱赶出去。乐观总是会赶走悲观。高兴往往赶走失望、消沉；希望会赶走沮丧、气馁。用爱的阳光填满我们的记忆，所有的憎恨和猜忌就会烟消云散。这些黑暗的影子无法在爱的阳光中生存。

要坚持不懈地保持我们的头脑中充满并且洋溢着好的思想，慷慨大度的仁慈的想法，充满爱意的想法、真实的想法、健康的想法、和谐的想法——所有与这些不一致的想法都会被迫离开。两种相互对立的观点不可能在人的头脑之中。真实是治疗错误的解毒药，和谐是纷争的解毒药，善行是邪恶的解毒药。

我们大多数人察觉不出不同的思想或建议所带来的影响之间的差异。我们都知道快乐、乐观并且鼓舞人心的想法是如何使人产生幸福的颤抖，也知道它是如何使人恢复活力、获得重生的。我们在手指尖上感到一阵阵的刺痛。它就像是一阵幸福和欢乐的电击一样弥漫开来并且逐渐恢复活力！它带来的是一股富有青春活力的勇气、希望以及精神的焕发。

那些能够一直保持自己的思想取向正确的人可以用希望来替代失望，用勇气来替代胆小怯懦，用果断坚定来替代踌躇、怀疑或是迷茫。那些能够使用自己友善的思想，乐观、勇敢无畏并且充满希望的思想填满自己的头脑，将自己成功路上的敌人驱赶出去的人，照比那些成为自己的情绪的受害者，成为忧郁沮丧，失望气馁以及怀疑的奴隶有着巨大的优势。同那些有着十种天赋却不能掌握自己的情绪的人相比，虽然他仅仅拥有五项天赋，却可以成就更宏伟的事业。

我们生命所产生的价值很大程度上取决于我们保持自身和谐以及使我们的思想免受众多危害的程度，这些危害可以通过具有破坏性的冲突扼杀人的积极性并且抵消实力。

你不能过于频繁或者过于强烈地断定：你就是按照完美、爱、美丽以及真理的影像造就出来的。你生来就是为了表现这些特征。对自己说："每一次憎恨、充满恶意、报复、失望或者自私自利的想法进入我的头脑中时，我都会伤害到自己。我让自己遭受了重重一击，这对于我思想的宁静、我的幸福、我的实力来说是致命的；所有这些有害的思想阻碍了我在生活中的前进步伐。我必须用它们的对立面来抵消它们，立刻来摧毁它们。"

这个敌人是否是恐惧、忧虑、担忧、害怕、忌妒、羡慕、自私并不重要。不论是什么，只要它以任何形式破坏了生活的对称和美都应该像一位致命的仇敌那样被驱逐出去。

强烈的担心、焦虑、忌妒、暴躁的脾气、险恶下流的性格，所有这些都是病态的头脑的征兆，急性的或着是慢性的。任何形式的不和谐或者苦恼都说明你的内心出现问题。

当我们意识到破坏或扭曲我们敏感的神经系统的每一次勃然大怒，意识到仇恨和报复的念头每一次触碰，意识到自私、恐惧、焦虑以及担心的每一次震颤（即使这些不和谐的念头只是在头脑中一掠而过），都将会给生活留下无法抹去的印记，毁掉人的一生时，你的内心出现问题的时刻就到了。

当苦恼、焦虑、愤怒、报复或者忌妒所产生的不和谐出现的时候，你就会知道这些东西会以可怕的速度，吸干你的能量并且浪费你的生命力。这些损失不仅没有任何的益处，而且会磨光那些精密的大脑，造成心智不成熟并且缩短人的寿命。苦恼、恐惧、自私自利，这些想法都是我们体内的有害的势力，毒害着我们的血液和头脑，破坏着和谐，瓦解着实力，而与此相对的那些思想却产生了恰恰相反的结果。它们起到的是安慰镇定的作用而不是激怒，它们可以提高多项大脑能力的效率。即使五分钟急躁的脾气都可能对人体各个部分脆弱的细胞活力产生如此巨大的破坏，以至于需要数周或者几个月的时间才能修复这些伤害。害怕、惊骇、恐慌屡屡将人的头发变白，并且在脸上刻下永不磨灭的岁月痕迹。

因此，当我们意识到这些情感以及各种形式的动物本性都在逐渐衰弱、逐渐低落的时候，当我们意识到它们在精神的王国里进行着破坏，留下了伤疤并且制造了可怕的灾难浩劫，意识到它们的丑恶以痛苦和折磨，相应的就是丑陋和畸形的形式在我们身体上展露出来时，我们就要像躲避瘟疫一样避免它们。

神的旨意并不是人类应该遭受苦难，相反应该享受欢乐并且永远幸福、活泼开朗、欢呼雀跃并且繁荣兴旺。正是人类的不正当的思想习惯使得我们的种族退化堕落了。

所有那些对我们来说不协调的东西不过是缺少了神圣的和谐，就像黑暗本身并不存在，而只是缺少了阳光。当不协调逐渐消失，逐渐被和谐中和的时候，时机就到来了。

爱心、宽容、善心、亲切、对于他人的友善，所有的这些都会唤起我们内心最高贵的情感。它们可以鼓舞人心、提升士气。它们造就了健康、和谐和力量。它们都有助于我们成为心智正常的人，并且使我们置身于无限的和谐之中。

如果我们能保持头脑的正直、诚实，使其远离它的敌人——邪恶、堕落的念头和想象，我们就解决了科学上存在的问题。训练有素的头脑总是能够在任何情况下提供和谐悦耳的音符。

每个人都在建造自己的世界，创造自己的周围环境。人们可以用苦难、恐惧、怀疑、沮丧和绝望来填满它，这样整个世界都会受到影响，变得昏暗和不幸。或者人们也可以通过驱散所有阴郁沮丧的、忌妒的、怀有恶意的想法来保持自己周围环境清澈、透明并且充满甜甜蜜意。

在自己的头脑中控制住那些长久存在的，不道德的思想，然后所有的不协调都会随之消失。当头脑中保持着创新的态度的时候，所有那些消极的东西——阴影和不协调，都会消失殆尽。黑暗永远不会出现在阳光的面前，不协调永远不可能同和谐共存。如果你在自己的头脑中永久地保持和谐的思想，不协调就永远都不会加入进来。如果你紧紧地依附着真理，谬见就会逃之夭夭。